唐一安 Serge Dreyer／著
孫蒂／譯

喝法國葡萄酒
搭台灣美食

目次

1 __
導言

2 __
法國葡萄酒

3 —
法國葡萄酒搭配台灣美食的想法 069

4 —
酒菜搭配須知

推薦序

70 年代，尚是不識愁滋味的年歲，在台中念醫學院，偶然的機會獲邀參加東海大學畢業舞會，向老爸借了條領帶，與大夥兒一起上山，深深的被東大優雅的環境與獨樹一格的建築物所吸引。

80 年代，孩子上東大附屬幼稚園，認識了唐老師與孫蒂。記得大約十六年前的耶誕夜，孫小姐赴美進修，幾位好友到唐老師東海學人家中作客，主菜是一道「老公雞」，唐老師為這道菜忙了許多天，準備了各式各樣的香料（有從家鄉帶來的，也有在台灣採購的），打了許多通長途電話回法國請教母親。燉了一天的老公雞終於上桌，雞肉居然是嫩的，不但肉質甜美且香氣四溢，客人皆讚不絕口，公雞變嫩雞，於是內人與我私下常暱稱唐老師為老公雞（公雞對法國人的老祖先而言是希望與誠實的象徵，法國人視為「法國」的標誌，法國國家足球隊即以公雞為隊徽）。

90 年代，是個人最忙碌的年代，除了行醫、學術升等外，個人嗜好網球、古典音樂，又增添了一項品酒，參加了許多的品酒會，唐老師亦是我的啟蒙老師。和唐老師品酒是件很有趣的事情，每一瓶酒皆是一種驚豔，每一瓶酒皆有一種期待，唐老師會用他獨有的法式中文

腔，描述葡萄酒的裙襬、色澤與香氣，它是在高原期還是開始走下坡，或是該喝進肚子裡的時候了，皆有他獨到的見解。

好的葡萄酒受到日照、降雨、土質、海拔的影響，老法對於葡萄酒的堅持，不像新世界（美國、澳洲、紐西蘭、智利）藉科學方法之助，剔除了大部分可能會在釀酒過程中產生的瑕疵；大部分的葡萄園傍晚會自動灑水，每年皆可釀出分數不錯的好酒，但總是欠缺了點變化與細膩。唐老師與我還是偏好法國酒，當然其他不同國家產地的葡萄酒，如義大利、西班牙、葡萄牙等，我們亦可喝到很多名副其實的好酒，好酒要與好朋友分享，壞酒則送給隔壁壞鄰居喝（老師常說的法國諺語）。

唐老師平常在東海大學教法文、法國文化，他的授課內容生動活潑。他也教導台灣學生了解台灣的茶文化，品茗與品酒有許多相似之處，充滿了樂趣與學問，他對於台灣骨董、碗盤、雕刻、原住民文化皆有很扎實的研究，還出了一本書《台灣老外壓箱寶》。寒暑假則回歐洲、美國教太極拳，他是一個很棒的太極拳老師，學生分布世界各地，學生對他的崇拜與景仰無人可比，他對人總是那麼的和善與熱誠。

記得與唐老師夫妻兩趟的法國深度之旅，安排在學生 Marie-Noëlle 擁有的香檳園酒窖，品嚐十幾種年份的香檳，隔日日升之時用三輪車（車輪為飛機輪胎大小），載滿了採葡萄工人吃的（包括鵝肝、乳酪、

咖啡、麵包、果汁、香檳），在山上香檳園旁鋪上雪白餐巾，大家享用豐盛早餐，那一份感動迄今無法忘懷。

隔了幾天車子開到德法邊界的阿爾薩斯，有一位學生 Patrick，服務於法國商務部，為大家的到來花了一週的時間（當時太太與孩子至西班牙度假），準備了豐盛獨特的家鄉菜及德國豬腳。酒窖裡五大酒莊的好酒任客人挑選，自己掌廚熱情招待大家在家中享用特別的晚餐，隔天帶著大家去爬山，途經清澈見底的高山湖泊，時值盛夏，興致來了，男男女女，穿著短褲跳到湖中游泳，真是舒服極了，永生難忘！

台灣是個美麗的寶島，人文薈萃，聚集了大陸各省的名菜、台灣料理、客家美食及特殊的夜市小吃文化，這些年來唐老師嘗試著帶領學生如何搭配美酒與美食，甚至一群人至台北知名夜市品酒，其樂無窮，讓大家知道原來夜市小吃可以這樣玩。

唐老師的《喝法國葡萄酒搭台灣美食》即將出書，邀我寫序當然義不容辭，分享個人很喜歡的李白的一首詩，發現古人確能在酒中得到許多樂趣。

天若不愛酒，酒星不在天。

地若不愛酒，地應無酒泉。

天地既愛酒，愛酒不愧天……

與李白相比我們又何其有幸，身處在可稱之為葡萄酒的黃金時代中，物超所值的酒皆很容易覓得，唐老師的好酒搭好菜再加上好朋友，又何嘗不是日常生活中的一種「小確幸」。

蔡鴻德

彰化基督教醫院婦產部／主任　前台灣生殖醫學會／理事長
前台灣婦產科醫學會／理事長　韓國婦產科醫學會／榮譽院士

序

　　我寫這本書是好幾種旅程的結合。首先，我幾十年來有幸周遊在兩個以美食美酒聞名的台灣和法國之間，看到有關法國葡萄酒的文獻不計其數，但是相反的，把台灣美食列入世界美食天堂的卻寥寥無幾。本書把法國葡萄酒和台灣美食搭在一起，是獻給四十年來我在台灣的朋友們：你們熱情款待我的每一頓美食、每一杯茶，每一段有關飲食的對話，都是我人生珍貴美好的回憶。同時我也想提醒我的台灣朋友們，在讚美我祖國法國的文化時，不要忘記你們自己文化的價值。

　　第二個旅程和我在台灣教授品酒有關，我以本書獻給我的學生和聽眾。這無數次相遇的旅程絕對不是有階級之分的由高往低的單向教學，如果我帶給台灣民眾法國酒的資訊和讓你們了解要對台灣美食有自信，那麼你們則教導了我台灣各菜系的豐富內容，促使我撰寫本書。在台灣接觸到各大菜系後，使我想在將來深入研究中國各省菜系的特色，就像我在法國時，悠然自得的穿梭於各葡萄園產區之間。我常提起一個故事，對我來說它足以代表我所謂的隱喻旅程。

　　我在台中認識兩位專門賣茶的朋友，他們在品台灣茶方面教導我很多知識和技巧。其中一位，在我第一次遇到他時，泡了一壺很稀有，

但是他說卻很少有人欣賞的茶給我喝，我在嚐了幾口後，立刻喜歡上它的味道，它的香味特色馬上讓我聯想到一款法國酒，侏羅（Jura）產區的 Vin Jaune（黃酒），同樣不容易被人接受。他說很想嚐嚐看這款酒，於是我次年從法國帶回一瓶 Vin Jaune 請他品一品，我沒有進一步做任何解釋，他喝了一口後說想打坐，當下就閉目靜坐了一下。然後他張開眼睛說這酒實在很好，應該在他山上的茶園品，更能受到欣賞。而 Vin Jaune 正好就產自法國山上的葡萄園。

我在此要特別感謝一些朋友，首先我的工作夥伴及詩人酒窖的女主人張瑞容小姐，和我一同到每一家餐廳完成酒菜搭配的任務，在拍攝過程中提供很大的協助。陶緒康（Morris，拍攝〈品酒技巧〉的圖片）、廖淑蓉（Iris）和劉雅文（Aven），感謝他們三位葡萄酒愛好者經常提供協助。下列各位餐廳負責人，非常感謝你們幫忙張羅本書撰寫過程中的美食大餐，不但熱情招待，並且配合我們漫長的酒菜搭配試嚐過程。特別感謝元園廖媽媽的店和新月梧桐羅友竹女士提供餐廳做為拍照地點，廖國智先生特別親自下廚並現場打點每一道客家菜的入鏡環節。

客家菜：元園廖媽媽的店──廖國智先生，福樂麵店（苗栗公館）

上海：新月梧桐──羅友竹女士

江浙菜：陸園

北京菜：張家麵館、京華煙雲

東北菜：老舅的家鄉味

廣東菜：非常棧港式海鮮餐廳

原住民菜：咕嚕咕嚕音樂餐廳

林載爵和文庭澍，感謝載爵的信任為我出版這本書，我珍惜彼此之間持久純粹的友誼。

台中東海大學推廣部，從十年前就開設葡萄酒課程，讓我和幾百位美食愛好者在課堂上和餐廳裡共同分享葡萄酒文化。

台北法國文化中心，持續為台北的民眾開設品酒課程並邀請我演講。

蔡鴻德和張慧珠，在我們舉杯共享的每一杯葡萄酒底部，都留下我們深厚的友誼，感謝鴻德為本書寫序。

好友高承恕、鄭瑩、趙剛、王偉華和丁兆平、楊開雲夫婦，在每次美好的聚餐時光中，讓我更深入了解中國的美食文化。

法國好友兼葡萄酒收藏家 G'Styr Patrick，慷慨的和我分享他的收藏和葡萄酒的知識。

法國阿爾薩斯（Alsace）區的好友 Delhomme Christian、Catherine 和 François Schosseler，感謝他們對葡萄酒的好品味讓我對我祖先居住過的阿爾薩斯區產生深厚的感情。

序

香檳區（Champagne）和羅亞爾河區（Loire）的兩位釀酒師 Ledru Marie-Noëlle、Fresneau François，他們的友誼是上天賜給我的禮物。

范利明和劉麗虹，在二十多年前邀請我擔任生平第一次的品酒課講師。

我的法籍品酒老師賽吉爾（Alain Ségelle），感謝他出類拔萃的教導。

我的弟弟 Dreyer Philippe，他在法國勒芒（Le Mans）開了一家葡萄酒店，隨時隨地讓我的葡萄酒知識溫故知新。

我的太太孫蒂，同時是本書中文翻譯，感謝她外語的專業能力。

最後感謝我所有的品酒學生，他們友善的態度和對葡萄酒的熱情是我在台灣教學最溫暖豐富的回饋。

本書同時獻給：

世界上所有尊重「風土」的釀酒師，把他們對生活的視野帶進他們釀製的葡萄酒中。

所有台灣的美食家使台灣變得如此獨特和吸引人。

獻給正在學習品酒卻常遇到困難的同伴們，我想跟你們分享印度哲學家泰戈爾（Rabindranath Tagore）的一句名言：「如果你把錯誤關在門外，真理也永遠進不來了。」

1__
導言

隨著台灣醞釀出越來越細緻的品酒文化，振奮人心的酒類新消費世代已悄悄來臨，現在是探索外國葡萄酒的絕佳時機。換句話說，在這以美食聞名的寶島上，開創新飲食文化觀念，將會是我們面臨的挑戰。

這十五年以來，台灣葡萄酒的消費型態有了顯著的改變，其中一個很大的原因是葡萄酒取代了部分在過去獨領風騷的烈酒。烈酒就像是男人們在餐桌宴席上競爭的戰利品，乾杯、拚酒的行為表現的是男子氣概。在新的消費習慣中，我們可以注意到兩個有趣的改變：第一，很多男人不再因為帶太太或女友出去吃飯喝酒而感到難為情。這種觀念的改變反映在餐桌禮儀的進步及食物走越來越精緻化的路線，也反映在台灣有越來越多女性享受自主選擇葡萄酒的現象上；第二個有趣卻不易察覺的現象則和那些不熱中拚酒的男人們有關。過去這些男人可能因為害怕阻礙自我的社交發展，被貼上類似「懦弱」、「娘娘腔」等標籤，而勉為其難的加入乾杯拚酒的行列，現在他們可以大大方方表達自己的品酒喜好。

另一個台灣葡萄酒的消費特徵是和台灣推崇「名牌」為導向的消費文化有關。在法國葡萄酒進口到台灣的最初幾年，大多數買家主要是男性客群，選購的盡是波爾多、香檳和勃根地等知名品牌的酒。如今，台灣各個酒窖賣場展示架上，擺滿不同風格的葡萄酒，充分展現了台灣人品味的提升及品酒知識的增長。

隨著台灣醞釀出越來越細緻的品酒文化，振奮人心的酒類新消費世代已悄悄來臨，我認為現在是探索外國葡萄酒的絕好時機，尤其是我的故鄉──法國的葡萄酒，探索法國酒如何搭配台灣的各種料理。

換句話說，在這以美食聞名的寶島上，開創新飲食文化觀念，將會是我們面臨的挑戰。在我這個大半輩子都在台灣度過的老法眼中，以台灣相對有限的土地，卻擁有豐富到難以置信的各式美食料理，真是饕客眼中世界上最具吸引力的美食天堂。在嘗試搭配台灣美食和法國葡萄酒方面，我設定了三個主要的目標，希望藉著本書傳達給讀者（以下排列不分等級）：

一，建議台灣消費者如何走精緻路線，重視文化的層面，將台灣的飲食文化介紹給外國人。

二，提供想法給台灣消費者，發展出具創意的個人酒菜搭配風格，不必刻板的遵循西方世界的標準。

三，提供給餐飲界從業成員（如主廚、廚師、服務生、餐廳經理、侍酒師、酒品零售商、進口商、餐旅教育者等）一本提升服務品質的工具書，能帶給您樂趣、挑戰及實用的知識，使您從專業中培養搭配葡萄酒和台灣美食的技藝。

法語中有一句成語：「一個人所喝的酒會反映出他的性格。」但是不能忽略的是，人的性格也會隨時間和其他因素而改變。所以，我們永遠有進步的空間，我以熱誠且謙卑的心為出發點，希望拋磚引玉，期待台灣的葡萄酒迷慢慢走出自己的路。多年來在東海大學推廣部及台灣各地教授品酒的經驗，我觀察到台灣的葡萄酒愛好者不但擁有敏

感的味蕾，還有著異常執著的態度，我想這可能和台灣著名的精緻品茶文化有關。的確，品茶和品酒之間絕對有極大共通之處，但方向不同，本書不探討茶和酒之間的關係，而只專注於法國葡萄酒和台灣美食之間的搭配。

　　台灣各式美食餐廳遍及大街小巷，我的首要任務是必須精選各類料理。我初次嘗試將台灣本土食物，例如閩南菜、客家菜及原住民菜餚搭配葡萄酒介紹給讀者。而外省料理方面，我納入最知名，也是在台灣非常普遍的廣東菜、上海菜、江浙菜、四川菜、北京菜、東北菜。我們都了解，中國大陸的各式料理為適應台灣人的口味，各家餐廳多少做了創新與調整，本書本來就是為台灣的消費者而設計，所以並不違背我的初衷。無論如何，台灣的老饕們對中華料理絕對有足夠的認識來自行分辨其中的差異。基於本書討論的面向不同，我們並沒有納入在台灣飲食文化史上占有一席之地的日本料理。這的確值得我注意，但是應該歸類在不同的主題再來探討。至於在台灣的西方食物，由於已經有針對西餐及紅酒搭配的大量文獻（Timbert D., 2007），因此決定略過不談。

　　本書部分的撰寫方式，是實地去餐廳品嚐菜餚，同時嘗試為每道菜搭配適合的葡萄酒。再一次感謝餐廳主人的熱情款待，並配合我們在品嚐過程中的特殊要求。顯然，在這些餐廳之中，沒有任何一家能

夠自詡推出來的菜就能代表某地的道地菜餚，台灣相對來說並不是一個很大的國家，但是從統計學上來說，想要嚐遍足夠代表外省各類菜系的所有樣本餐廳，幾乎是件不可能達成的任務；更何況，如何決定哪些餐廳的菜具有代表性，仍會有爭論。所以本書的宗旨並不在於以科學方法證明什麼，因為在美食方面本來人性的因素才是關鍵。現在，以文化研究者的觀點，將法國葡萄酒和台灣美食的搭配寫成本書，我希望達成的是一本類似參考指南的工具書，引導讀者思考：酒食可搭配的方向，發展出自己的定位。我也必須強調，本書所呈現的樣貌是由文化要素、知識和經驗相結合的果實。除了我本人之外，在各家餐廳實地做酒菜搭配的過程中，我也邀請了受過品酒訓練的台灣女性張瑞容小姐，共同完成任務。

說到法國葡萄酒，我主要（並非全部）選擇在台灣可取得的葡萄酒款來搭配美食料理，選擇的基準是：

　‧葡萄酒款的豐富多樣性

　‧高低價格不同的範圍

　‧品質方面的保證（以我的專業知識為標準）

我們都非常清楚，當我推薦一種葡萄酒款時，代表很多法國酒莊都有供應同款的酒賣到台灣來。與其推崇其中一個酒商，我更希望讓讀者自己去探索。在撰寫過程中，由於法國葡萄酒在台灣銷售的種類

實在太多，要請讀者原諒我選擇性遺忘某些葡萄酒款，畢竟我不是寫一本葡萄酒百科全書。

　　基於我在「文化研究」這個領域的專業訓練，在選擇本書內容主題時，大部分的方向是希望以創新的想法，強調台灣本土餐酒搭配的文化分子，所以本書第三章會就「陰陽」、「五行」、「中國人的面子」、「豐富」、「熱鬧」等元素，來分析在搭配中菜和法國酒時激發出來的創意，對我來說這是最迷人的文化分子。請讀者們絕對自由，可以完全或部分接受我建議的法國和台灣酒食搭配的美食之旅。這種酒食搭配的旅程不需要很高的消費，而且可以隨時出發，只要飲酒適量，有好的同伴，絕對可以達到人生最高的享受。

2 ——

法國葡萄酒

法國葡萄酒為什麼一直能維持多樣化呢？我認為其中一個很重要的因素是具有創新的動力。這淵源於法國文化推崇創新的歷史傳統，推動力來自於地方及國際市場的龐大壓力。

我不打算寫一本書特別講法國葡萄酒，因為市場上已經有很多台灣葡萄酒專家們的書了。下面和葡萄酒相關的資訊僅僅是為了提醒讀者，以利閱讀本書。

2.1　一般介紹

在法國，葡萄的生長和葡萄酒的釀造分布在好幾個特定的產區，每個產區的地形、土壤、氣候和傳統等等的條件，集合成法文裡所謂的「風土」（terroir）。眾多葡萄酒產區截然不同的地理條件和優良的釀酒文化，使得法國葡萄酒搭配世界上各種料理都能勝任。舉例來說，Rhône 河谷的酒可以搭配辛辣的菜餚，而 Loire 的酒則可搭配比較精緻的食物。而且，大部分法國酒莊主人都對在地文化非常自豪。而所謂在地文化可以從當地的歷史背景、地形位置，甚至小到鄉村、家族史反映出來。

根據我的了解，「風土」的定義也應該包含釀酒莊園對地理環境和文化依附代代相傳的傳統。想一想，在法國的確常常遇到酒莊主人自豪的表示他釀的酒完全反映出當地的文化特色，例如 Loire 河谷柔美放鬆的氣氛、Madiran 區艱困的地形和氣候等等，這些重要的文化因素往往遭一些全球化的擁護者或相信釀酒是精準的科學論者所輕忽。根據他們的想法，要釀造好的葡萄酒擁有好的科學技術就

法 國 葡 萄 酒

對了。一部 2004 年喬納森‧那希特（Jonathan Nossiter）拍的紀錄片 "Mondovino"（葡萄酒世界）就描述得很清楚。我們大家都同意，和中世紀比起來，科技在釀酒學方面帶給我們很多的進步，但眾所皆知，科技同時也帶來很多化學汙染、工業酵母過度使用等等的麻煩（Morel F., 2008；Le Gris M., 1999）。

　　法國葡萄酒能呈現「多樣化」的風味，主要原因之一是使用超過三百種的葡萄品種。有人相信栽種 Cabernet Sauvignon 和 Syrah 葡萄可以提高某些地方產區葡萄酒的質量，結果就發生了葡萄種類侵略性及單一化的現象，但是這個問題極具爭議性，我就不同意這個潮流。過去二十年來，還好有不少年輕的釀酒師特別強調使用在地葡萄釀造出極具有個性的葡萄酒。例如：在 Bourgogne 的 César 葡萄、Loire 地區的 Pineau d'Aunis 葡萄、Savoie 地區的 Persan 葡萄和在 Provence 的 Chenançon 葡萄。某些收藏家和機構專門購買特殊稀有葡萄品種的酒類，好讓稀有酒品不至於消失。世界著名的酒莊 Zind-Humbrecht 立下堅持傳統的好典範，採用 Alsace 區食品產地法規（A.O.C.）[1] 沒有認可的葡萄品種釀酒，以至於酒標上只能標註為一般的 table wine。甚至有一些酒是用法國農業部的葡萄酒和烈酒管理局（INAO）所禁用的葡萄所釀造的，也可以在某些通路買得到，例如用東部 Lorraine 和西部 Sarthe 的 Oberlin 葡萄所釀造的紅酒和粉紅酒。

---

[1] A.O.C. 是 Appellation d'Origine Contrôlée 的縮寫，法國政府 INAO 對食品法定產地有嚴格的法規。

法國葡萄酒為什麼一直能維持多樣化呢？我認為其中一個很重要的因素是具有創新的動力。這淵源於法國文化推崇創新的歷史傳統，推動力來自於地方及國際市場的龐大壓力。法國超過百萬的葡萄酒愛好者的期待很高。當然，各種葡萄酒雜誌專家們的酒評文字對消費者絕對有影響，那是他們在各種杯觥交錯的場合豪飲、小酌、品嚐、交換心得而建立的個人對葡萄酒的想法及愛好。然而，好的品味絕對不只是能喝得起名酒的少數族群的專利，而是愛酒人士在無數次非正式的聚會中品酒、交流而累積的經驗。

我無意把法國推崇為葡萄酒的天堂，因為可惜的是在法國也有很多劣質葡萄酒，就像在台灣也有劣質茶葉一樣。顯而易見的是，當人類飲食文化能發展出如此精緻的層面，例如法國和義大利的葡萄酒文化、台灣和中國的茶文化、蘇格蘭的威士忌文化、比利時和德國的啤酒文化、日本的清酒文化等等，我們發現到一個真理——品質的保證永遠建立在「多樣化」這個因素上。

2.2　品酒的一般原則

本節僅僅提醒品酒的大原則，有興趣者可以參考其他專書。首先，要在練習品酒技術和社交場合喝酒之間劃清界線。前者可以練習一些技巧，例如口中含酒同時用鼻子吸氣，但是在和非專業人士社交喝酒

時就不適合使用這些技巧，更何況運用品酒技巧會讓客人感覺你在炫耀而凍結社交氣氛。既然所有的愛酒人士都知道好氣氛和品酒之間彼此深深影響，社交場合品酒時就要特別小心。但是，如果是在家中開酒招待賓客時，應該自己先嚐一下，確定酒適合飲用才上桌，這時，品酒技巧就派上用場了。在進一步談之前，我先提醒一下正確品酒和侍酒的方法。

2.2.1　正向的品酒態度

重點一：愛酒者對任何一種葡萄酒都得有好奇心，而不是像多數的台灣和中國酒客，只青睞名貴酒款。我們可以不喜歡某一種葡萄酒，但是在品它、研究它、了解它的過程中，要更加珍惜葡萄酒，而且品酒技巧也要更講究。最好記得每一種酒款都值得品好幾次才下定論，因為品酒者永遠處於身體和精神不同的接受狀態。另外，某些酒你可能單獨喝不覺得喜歡，但是搭配菜卻覺得很好。

重點二：葡萄酒是活的產品，所以要用心對待。它特別會因強光、震動、驟變的溫差和靠近強烈氣味而產生反應、改變。

重點三：葡萄酒是農產品，所以同一種酒會因氣候和釀酒人的技術而具有不同的風味。

重點四：品酒時，不只有嘴和鼻子接受到葡萄酒的刺激，視覺也

受它的顏色——la robe（裙襬）的影響。因此我建議搭配菜色時，可以花一點心思，例如：粉紅色的蝦子可搭配美麗的粉紅酒 Tavel、在半杯 Bourgogne Pinot Noir 旁放一束深紅玫瑰。倒酒時最好是在純白色的桌布上，這樣最能襯托出葡萄酒華麗的顏色。至於男士們想要表現出優雅風度時，應該找機會比較葡萄酒和女賓客衣著的顏色（至少在適合的時機）。

重點五：心和耳也會受到品酒的刺激，聽著香檳酒杯中嘶嘶上升的小泡泡真是悅耳，感覺非凡，而最重要的是賓主共享美酒，愉快的交換品酒感受的片刻所共同營造出的絕佳氣氛。至於和初入門者品酒，我建議品酒家們不要讓人太難堪，可以鼓勵他們自由說出品酒的感受、重視他們的說法。我們要了解，不管從哪個角度來說，品酒學都不是精準不變的科學，它受人類群體食物文化和個人食物文化背景的影響很深，所以應該是和別人交換生活經驗的好機會，而不是單向的把自己的品味加諸在他人身上。我的品酒學生中，經常有一些在完全沒有受過特別的訓練下，具有極靈敏的嗅覺，真是出乎我的預料。

重點六：搭配酒和菜時要尋求和諧。「酒和菜餚搭配時，絕不是在兩口食物之間感覺口渴而喝它一大口，而是在味道和酒香之間演奏一曲交響樂，為襯托對方而秀出自己的特色，但絕不能搶戲。」（A. Ségelle, M. Chassang, 1992, p.151）。當然，這「和諧」也包含了廚師

和釀酒者的工作，因此，每位愛酒人士在正確的搭配酒和菜之前應有的認知是，心中存著對兩位原創者的敬意，進而對兩種不同文化的敬意。美酒和美食的愛好者所扮演的角色是具有文化敏感度的媒人。

本書是討論酒菜搭配的藝術，同時提供想法來發揮創意。創意並不只是藝術家或菁英的財產，創意可以是每個人根據他的個性建立起一套搭配酒菜的原則。當然，必須找老師學習，但是最終要敢於冒險而不害怕批評，就像參加考試一樣。每個人都有對特定食物的經驗，用它們來搭配酒時，可以比喻成一趟充滿不確定的旅程，但重要的是充滿了新發現、愉快和自我成長。

2.2.2　品酒技巧

工具：品酒之前，先要備齊必要的工具，切開瓶口封條的小刀、一個開瓶器、一塊布和一只葡萄酒杯。

首先，用小刀沿著瓶口凸起的下緣劃滿一圈，繼續斜方向往酒瓶上方切，就可以輕易拉開瓶封了，這是動作乾淨俐落的專業手法。

至於開瓶器，一般的情況，我建議用毫不費力的那種款式，美國NASA工程師發明的Screwpull牌開瓶器是我最喜歡用的。用法很簡單：把開瓶器的尖頭放在瓶口上方，確定把尖頭插入軟木塞中心點固定，用一手握住瓶頸，另一手抓住開瓶器手把向順時鐘方向轉，直到軟木

酒瓶下方（由左至右）Screwpull、二段式開瓶器、刀片型開瓶器、葡萄酒杯、
小刀、一般開瓶器（右上）。

法 國 葡 萄 酒

塞完全升上來；有時軟木塞很緊，但這並不會影響操作。開始時要注意的是，把開瓶器的尖頭瞄準軟木塞的正中央，以免將軟木塞弄破，尤其是老的軟木塞。另外，要避免把軟木塞穿一個洞，那會造成軟木塞屑掉入瓶內酒中。接著，把軟木塞取出，這時，只需將手把反時針方向轉至軟木塞脫離螺旋針就可以了，絕對不要嘗試把開瓶器的兩支翅膀往外扳開。

開一瓶老酒時，因為軟木塞可能已經很脆弱了，有一種刀片型開瓶器可派上用場。把兩片細鋼片很小心的慢慢插入瓶口內軟木塞的兩側，然後用手稍微壓住鋼片，一邊旋轉一邊拉出軟木塞。

選購一般有螺旋針的開瓶器時，重點是螺旋針要細尖，不然很容

1 開瓶器的小刀從瓶口下方切開。 **2** 一般比較好用的小刀。 **3** 斜方向切開瓶封後撕開整個瓶封。

⁴ 螺旋針對準軟木塞正中間往下固定。

⁵·⁶ 旋轉上方手把直到軟木塞全部出來。

⁷ 用手推出軟木塞，不可扳開兩邊的翅膀。 ⁸ 用一般開瓶器時食指要穩住針部。

⁹ 不能把螺旋針全部插入軟木塞。 ¹⁰ 第一段開瓶，用手肘力量拉出部分軟木塞。 ¹¹ 第二段開瓶完成。

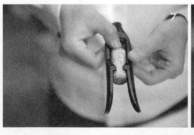

法國葡萄酒

易把軟木塞弄破。

「一塊布」最好是純白色的純棉布，要非常乾淨，而且應該專為品酒時用。純白色是為了可以看到酒真正的顏色，純棉的布比較能把酒杯擦得很乾淨。一旦把酒瓶打開，建議立刻用布由內而外拭擦瓶口。另外一個不要忘記的動作是聞一聞軟木塞和酒接觸的那一頭，在法文叫鏡子（miroir）。如果有不可預料的因素使酒變質了，在法國叫「軟木塞的味道」，這是釀酒師的噩夢，可能發生在任何一瓶酒上。如果你聞一聞軟木塞，知道酒壞了，就可以避免讓客人喝到變質酒的窘境。此外，這個動作可以讓你先開啟嗅覺，準備好好珍惜馬上要品的美酒。

酒杯是盛酒的工具，自然不可輕忽。葡萄酒杯有很多不同的款式，這裡就只介紹一種被認為幾乎適合各種葡萄酒的杯子，除了香檳和其他氣泡酒。在法國，叫 INAO 酒杯，它是負責管理葡萄酒的機構設計的，該機構的縮寫就是 INAO。品質最好的酒杯是水晶製的，因為透明度最佳，最適合欣賞酒的顏色。不建議用有顏色的杯子或有雕花的，因為會影響裙襬的視覺效果。

杯子的形狀讓酒的香味聚集在杯口，使我們能欣賞到它所有類別的香氣。手應該盡量握在杯子腿部下方或者杯座，這樣品酒時手的味道比較不會干擾嗅覺。另外，因為葡萄酒對溫度的反應極敏感，如果

握著杯身，手溫傳達到酒杯，會立刻提高酒的溫度，影響適飲的時機。

如何斟酒：純粹基於格調的原因，手握酒瓶準備斟酒時，不要擋著酒標，讓客人可以看見它而不需要問。酒瓶和酒杯應該形成一個三角形，使得酒緩緩流入杯中。剛開瓶的酒需要呼吸，為了讓酒能潑灑的範圍廣一點，幫助它和空氣接觸，應該盡量對準杯子的邊緣倒酒。只需倒大約三分之一酒杯的容量即可，好讓杯中留下足夠的空間旋轉酒液，香氣才能完全釋出。我甚至覺得少於三分之一都行，像多數的粉紅酒要在低溫品嚐，我寧願更頻繁的替客人斟酒，而不願看到有些客人忙於聊天而讓酒溫不知不覺在杯中升高。斟酒結束時可以稍微旋轉一下瓶身避免滴下，同時，瓶口應該避免觸碰到酒杯的杯口。

啟動四種感官：根據法國著名侍酒師賽吉爾（A. Ségelle）的說法，品酒時運用四種感官的比率，嘴部大約占 30%，鼻子占 50%，眼睛占 10%，耳部占 10%。有的專家甚至覺得鼻子的重要性就應該占 85%（S. Gilson）。第一步，眼睛的工作很重要，能觀察到酒的很多訊息：葡萄種類、年份、年紀、裝瓶後的改變等等。首先將酒杯放在一塊白布上觀察它的裙襬，可以從正上方或側面觀察，這第一眼就可以察覺到酒的品質和特殊性。接下來，可以好好觀察葡萄酒的唱片（le disque，側看杯中葡萄酒圓形表面類似一張唱片）和腿或眼淚（jambes 或 larmes，指搖晃杯中的酒，沿杯子內緣流下的酒的痕跡）的黏度，

1 倒酒時酒瓶和酒杯要呈三角形。
2 錯誤的倒酒方法，酒瓶傾斜角度太小，酒會沿瓶口流下。

3 正確倒酒方法，適當的傾斜角度。
4 結束時右手往上方旋轉。

透過這些細微的訊息，可以了解酒的品質和是否可以繼續存放。有些白酒的瓶底可能看到小結晶粒，這是因為儲存空間的溫度太低；紅酒瓶底的沉澱物也偶爾會看到，但這兩種現象因為不會影響酒的味道，都不列為缺點。

觀察杯中酒的唱片（le disque）。

觀察杯中酒的腿或眼淚（jambes 或 larmes）從杯的內緣流下。

　　在 2.2.1 節中，我談到品酒要用到聽覺，可能會讓某些讀者驚訝，但是耳朵不管在技術上或心理上都扮演了重要的角色。當我們品香檳或氣泡酒時，可聽到酒杯中二氧化碳所產生的嘶嘶聲，嘶嘶聲越細緻、越連續越好。在心理學上，傾聽賓客們談論對葡萄酒的感覺是很重要的。引用法國著名人類學家巴爾特斯（R. Barthes）對時裝的說法，同樣的道理，人們的評論和對葡萄酒的珍愛是緊密結合不可分的。

　　嘴在品嚐葡萄酒酒的結構 $_2$ 時扮演重要的角色，四種主要的味覺口感酸、甜、鹹 $_3$ 和苦構成酒的結構要素。酒就靠這四種口感帶給我們味覺的平衡。比方說，甜酒品嚐起來一定是甜的感覺占大部分，而 Sauvignon Blanc 葡萄（例如 Sancerre）釀造的干白酒就是酸的感覺。但

是，重要的是在一瓶酒裡要具有四種味覺口感。通常嘴裡苦和酸的味道幾乎是同時感覺到（苦味是最難察覺到的），而甜味的後面常跟著苦味。當然，酒中酸的程度和其他三種口感是由葡萄品種、釀酒過程和葡萄酒的年份來決定的。還有另外兩種味覺在品酒時也會出現，也扮演重要角色：酒精濃度比較高的酒，會有辣的感覺；丹寧比較高（特別是紅酒）時會產生澀的口感，有時甚至會給人有攻擊性的感覺。

總之，這些味覺元素要和酒的香味和諧並存，就像房子的骨架支撐屋頂的瓦片，如果這六種味覺口感遠超過香味 4，喧賓奪主了，就會產生不平衡。在這個架構的概念下品酒，對真正懂酒的人來說極為重要，因為酒的架構和香味是在和菜餚搭配時必須考慮的因素。酒一入口，身體的溫度使酒溫提高，酒中含有香氣的分子就會上升到鼻腔內，讓我們立刻察覺到香味。

幾乎所有的作家（P. Casamayor, 2005; A. Ségelle, M. Chassang, 1992; S. Gilson）都同意，鼻子是品酒時最重要的「工具」。它是人體負責嗅覺的器官，可是大家都知道現代文明世界是以視覺為主導，靈敏的嗅覺要靠努力訓練才能擁有。天生就具有靈敏嗅覺的人太少了，例如世界品酒大賽中拿到冠軍的侍酒師們，但是天賦異稟還不夠，他們還需

---

2 法國品酒專家把這個結構稱為「骨架」，沒有它，房子的屋頂就會倒塌。這個比喻告訴我們，沒有一個好的骨架，酒的香味也跟著坍塌。

3 葡萄酒中有鹽的成分，可是某些專家否認酒中存在任何鹹的味道，而認為是碘的味道。

4 然而 Bordeaux 最高級和 Rhône 北部的紅酒，酒的結構遠超過香味很多年，必須要等待。

要接受數千小時的嚴格訓練才能達到最高的境界。

那麼應該如何訓練嗅覺呢？第一，品酒時必須訓練集中注意力，牢記品酒當下的嗅覺資訊，並試圖在腦中分類存檔；耐性也很重要，因為香氣會隨時間慢慢轉變，我們的心情也會跟著慢慢轉變。一般說來，台灣人的記憶力很強，所以只需要訓練專注力，但這需要日積月累的功夫，無法速成。

除此之外，學習品酒的人要注意到品酒時周圍的環境。品酒最主要的目的之一是在尋找葡萄酒中好的平衡，所以環境中可能干擾的因素都要盡量排除，例如吸菸、品酒前喝過其他烈酒、品酒前飽餐 ₅、室內溫度大幅變化（理想的室溫是攝氏 18 到 19 度）、強烈的香水味道，還有其他強烈的氣味，例如靠近品酒桌上的鮮花。女士品酒時要避免擦口紅。安靜和放鬆的氣氛絕對有加分的效果。當然，在台灣如果想上餐廳品酒，常常很難達到上面所有的要求。品酒時要避免把氣氛搞成非常正式或無聊的局面，特別是在台灣文化中，「熱鬧」是非常重要的一個因素。

大家都知道品酒前有一個重要的動作是聞酒的香氣，這個動作可以分解成下面幾個步驟：不要轉動酒杯，手握酒杯靠近鼻子，無需停留太久，不然酒精會喧賓奪主，重複這個動作幾次。這個動作可以使我們察覺出酒的主要瑕疵。第二個動作要輕轉酒杯讓酒在杯中不停轉

法 國 葡 萄 酒

動，揮發性的氣味就會釋出，接著它就能展現出最完整的氣味個性。

　　以上的動作可以重複幾次以便察覺這瓶酒的第一個印象和香氣的改變。我們得牢記酒的香味會隨著時間和緩慢改變的溫度而產生變化。同時，品酒者對葡萄酒多層次香氣的接受度也會改變。第一次接觸讓我們準備了解將要品的酒，第二次接觸就很親密的和它連接，再接著幾次的嗅聞就像和朋友對話，關係一步一步的深入。這種靠鼻子聞酒的目的是要了解葡萄酒香氣的特性，它是否具有被長時間儲藏的潛力，同時發掘它的瑕疵。一般公認香氣的種類越多品質越佳。

　　另外，香氣的濃郁度對於酒的品質來說，也扮演著一個重要的角色。很多品酒專家認為酒精濃度低於 11 度的葡萄酒有可能是品質不好的葡萄酒，但是他們忽略了品酒者的文化和品酒時的情況，例如只有半個小時吃一頓午餐，愛酒人士可能很高興喝到只具有少數香氣的 Beaujolais-Nouveau。這種品酒態度被畢沃特（B. Pivot）在他的《戀酒事典》（*Dictionnaire amoureux du vin*, 2006）一書中描述得非常恰當。

　　另一方面，食物和葡萄酒的搭配牽涉到前者的香氣，比起把一款複雜的酒和一道簡單的菜搭配，簡單的食物和簡單的酒款搭配更能讓行家欣喜若狂。例如，如果你對台灣本地傳統文化深具情感，啜一口果香極為濃郁的 Beaujolais-Nouveau，配上台灣路邊小販賣的甜味烤香腸，就會是非常愉快的經驗。

---

5 品酒前建議不要吃胡桃、開心果、核桃、杏仁，因為它們有把壞酒變成好酒的「美德」。

葡萄酒的香氣：首先，愛酒人士得了解，酒的香味中有香蕉或草莓的味道絕對不是人工添加的。葡萄發酵過程中自然的化學反應讓香氣具有其他農產品的味道。香味可以歸納成下列三類：

第一類香味來自葡萄的種類，例如通常在 Cabernet Sauvignon 葡萄中能聞到藍莓、雪松、煙燻味和青椒的香味；Chardonnay 葡萄中則有像小白花、烤堅果和奶油的香味。當然，不同地區生長的葡萄香味不盡相同，Champagne 區的 Chardonnay 葡萄和 Bourgogne 產區的不可能完全相同。我鼓勵台灣的品酒同好用他們熟悉的本地農產品香味和酒香比較，例如 Côtes-de-Castillon 的紅酒經常和紫花的香氣聯想在一起，而在台灣沒有紫花的蹤跡。這類香氣通常在品酒過程中最先聞到和指認出來。

白酒的香氣歸納成以下的類別 [6]：

花香味：玫瑰、茉莉、鳶尾花、橘子花等等 [7]。

植物香味：剛割過的青草味、茶、薄荷、茴香等等 [8]。

水果香味：蘋果、桃子、梨子、柚子、檸檬、杏子、鳳梨、愛文芒果、香蕉等等 [9]。

礦物香味：粉筆、碘、燧石。

紅酒的香氣歸納成以下的類別：

花香味：紫羅蘭、玫瑰、牡丹、乾燥的花、枯萎的玫瑰等等 [10]。

植物香味：青椒、腐植土等等 11。

水果香味：紅果類和黑果類（櫻桃、草莓、山莓、蔓越莓、桑葚、黑莓）、香蕉等等。

第二類香味來自發酵的過程、酵母和酒精。它們通常讓我們聯想到麵包屑、牛油、牛奶、香蕉和指甲油。這些香味通常最早消失。

第三類香味法文也稱為 bouquet 12，是這三種香味類別裡最複雜的。它們是葡萄酒在酒桶中（木桶或不鏽鋼桶）隨時間慢慢醞釀的過程中產生的香味，所以只有比較老的酒才會擁有第三類香味，而且會隨時間而改變 13。對最好的酒來說，香味會在不同的時間出現，這就是為什麼我們要慢慢的品酒，因為酒在和空氣接觸時會逐漸釋放出新的香味，也可能在經過一段時間後，最初的香味會變得更明顯。尤其是在一邊用餐一邊品酒時，往往會慢慢發現酒中又有其他的香味。特別愉悅的經驗是用餐品酒時，同一款酒先品嚐年份比較年輕的，接著品嚐年份比較老的，去感受比較它們香味的變化。

白酒中的香味：

6　參考卡撒瑪又爾（P. Casamayor, 2005, p.37），但我把一般台灣人很少有機會嚐到的味道去除，例如英式糖果，並加入在台灣特有的香味，例如鳳梨酥。這些改變由作者負責。
7　法國酒中可以聞到台灣特有的花香味，例如木蘭花、蘭花等等。
8　法國酒中可以聞到台灣植物的香味有烏龍茶、番薯等等。
9　其他台灣的水果：柿子、木瓜、芭樂、榴槤、荔枝、龍眼、文旦、柚子等等。
10　我品酒課的學生常常聞到香味濃的木頭，如檜木等。
11　在台灣：紅芭蕉、荔枝、紅柿等。
12　它的意思是「一束花」。
13　這裡所談到的「時間」指的是葡萄酒在酒桶中停留的時間、酒瓶中停留的時間及在品酒時酒杯中停留的時間。

花香味：乾燥的花、蘭花。

水果香味：堅果、胡桃、乾杏仁、乾的開心果、芒果乾、柿子乾、棗乾、百香果等等。

蜂蜜和糖果的香味：蜂蜜、牛軋糖、鳳梨酥、太陽餅等等。

木頭和植物的香脂：橡樹、新的木頭、松樹、柏、香草和台灣特有的植物。

其他：陳年紹興酒。

紅酒中的香味：

水果香味：紅莓類果醬、黑果類、梅子、黑櫻桃、龍眼等等。

烤焦味：可可、烤麵包、薑味麵包、咖啡、菸草、焦糖等等。

木頭和植物的香脂：橡樹、新的木頭、松樹、柏、煙燻過的木頭、燒焦的木頭等等。

香料味：香草、肉桂、黑胡椒、湖南野花椒、丁香、甘草、甜味醬油等等。

動物的味道：肉汁、皮革、毛皮、野味、兔子內臟味等等。

植物香味：香菇、松露、乾海帶、半發酵和全發酵的烏龍茶、普洱茶、木耳等等。

化學產品的味道：瀝青、溶劑、油漆等等。

粉紅酒中的香味：通常粉紅酒不能保存很長的時間，而是相對短

期內要喝完。它們的香味可以歸納成下面幾種：

植物香味：青椒和紅椒、黑莓的葉子等等。

花香味：橘子樹的花、桃樹的花、山楂花、牡丹花、玫瑰、鳶尾花、康乃馨、乾燥的花等等。

水果香味：櫻桃、黑莓、草莓、覆盆子、杏子、桃子、梨子、蘋果、新鮮無花果、粉紅葡萄柚、柳丁、橘子、金桔、荔枝、鳳梨、香蕉、紅皮芭蕉、新鮮杏仁、紅肉西瓜等等。

發酵味：酵母粉。

香料味：黑胡椒、湖南野花椒、枸杞。

2.2.3　葡萄酒和溫度

就像泡茶時熱水的溫度一樣，品酒時的溫度也非常重要。有兩種溫度必須要注意：品酒場所的室內溫度和倒入酒杯中酒的溫度。另外，要等待適當的時間讓杯中葡萄酒和空氣接觸，以便讓香味釋放。

談到酒的溫度，最基本的知識是任何葡萄酒超過攝氏 20 度時，只有丹寧和酒精的味道釋放出來。低於攝氏 6 度時，所有的香味都在嘴中凍結。然而，品酒時我們並不是一口就吞下杯中所有的酒，酒會在酒杯中停留一段時間，特別是在台灣大家會等待適當的時機舉杯向其他的賓客敬酒。這段時間，用餐環境的溫度會影響酒杯中酒的溫度。

分析一下有三種方式：主人每次在客人杯中斟入少量的酒，客人一喝完立刻再倒酒；但這個做法不太實際，而且酒的溫度會偏低。比較有效維持一瓶酒最佳溫度的方法是使用冰桶，冰桶中冷水占三分之二，冰塊占三分之一。如果使用玻璃瓶，我還是建議把它放在一個較大的冰桶中，水和冰塊的比例同上。急著想要品一瓶溫度較低的葡萄酒，絕對不建議把它放在靠近熱源（太陽、火爐等等）的附近來迅速提高溫度；相反的情況，把一瓶溫度過熱的酒放進冷凍庫來降溫也要絕對避免。酒和人很像，它們不喜歡驟變的溫度，特別是老酒，很容易在溫度劇烈變化之下，一分鐘之內就被毀了。

　　酒和空氣接觸的時間是一個非常複雜的主題，而且極具爭議性。葡萄的天性、釀酒的過程、葡萄的收成、品酒場所的環境都會影響到酒的品質。在台灣，我發現有愛酒者在打開一瓶非常昂貴的法國名酒後立刻品嚐，接著大家開始質疑，感覺花費一半的價錢就可以品嚐到品質差不多的其他國家的葡萄酒[14]。所有的葡萄酒都會在和空氣接觸幾分鐘後變得更美好。我建議我的學生做一個酒和空氣接觸的小實驗：把一瓶酒倒入杯中，分好幾個不同的時間（和空氣接觸）品嚐，並記錄成功或失敗的結果，以便更有效的自我學習。經驗告訴我們，只將酒瓶打開放置在室溫下是不夠的，因為和空氣接觸的面積太小。

　　兩位法國品酒專家及作家 A. Ségelle 和 P. Casamayor，建議倒入酒

表 2-1　兩位法國品酒專家建議的酒種和溫度

A. Ségelle	P. Casamayor
單寧含量高的紅酒 （Bordeaux, Madiran） 16℃～18℃	Bordeaux 紅酒 17℃～18℃
Bourgogne 紅酒和其他已到達巔峰期的紅酒 15℃～17℃	Bourgogne 紅酒 15℃～16℃
酒精濃度較高的紅酒 （Rhône Valley, LoireValley 等） 14℃～16℃	單寧成分較高的紅酒 （Rhône Valley, South-West, Provence, Languedoc 等） 16℃～18℃
酒精濃度較低不能放太久的紅酒 （Anjou, Touraine, Jura, Savoie 等） 12℃～14℃	酒精濃度低的紅酒 （Anjou, Touraine, Jura, Savoie 等） 14℃～16℃
粉紅酒（Coteaux-du-Loir, Anjou, Touraine, Provence, Bordeaux 等） 6℃～10℃	粉紅酒 primeur（年份很淺的酒） （Beaujolais, Touraine 等） 10℃～12℃
極具特色有年份的干白酒 （Savennières, Coulée-de-Serrant, Bourgogne 等） 10℃～12℃	有年份適合儲存的干白酒 （Savennières, Coulée-de-Serrant, Bourgogne 等） 10℃～12℃

14 另外一個時間的要素：某些葡萄酒在裝瓶六個月後就可以喝了（例如每個產酒區的基本款），另外有些酒則需要十年或是更久的時間才能到達它的高峰（例如大部分 Bordeaux 的名酒）。

年輕的干白酒（Touraine, Anjou,
Savoie, Moselle 等）
7℃～9℃

香檳和氣泡酒
（Champagne, Crémant 等）
8℃～10℃

Syrupy 酒精濃度很高的濃烈甜酒
6℃～8℃

Syrupy 酒精濃度很高的濃烈甜酒和
vin doux naturel
7℃～10℃
好年份 14℃～16℃

高級 syrupy 酒精濃度很高的濃烈甜
酒和特優年份的干白酒
12℃～14℃

Vin Jaune（Jura）
14℃～15℃

老年份的紅酒（看年份決定溫度）
16℃～19℃

年輕的干白酒（Touraine, Anjou,
Savoie, Moselle 等）
8℃～10℃

好年份的氣泡酒（Champagne,
Crémant 等）
10℃～12℃

Syrupy 酒精濃度很高的濃烈甜酒
（Alsace 區 sélection de grains nobles,
Vouvray, Sauternes, Jura 區 Vin de
Paille 等）
8℃～9℃

Muscat 做成的甜白酒 vin doux naturel
（Muscat de Saint-Jean-de-Minervois,
Muscat de Lunel, Muscat de Rivesaltes
等）
8℃

甜紅酒 vin doux naturel
10℃～12℃

法 國 葡 萄 酒

杯中酒的種類和溫度如表 2-1。

　　兩位作者在酒的分類名稱上有些許不同，但在溫度上幾乎完全雷同。A. Ségelle 在某幾種酒建議的溫度比 P. Casamayor 稍微低一點。這是無可避免的，我們應該把它當作正面的觀點來刺激我們的好奇心。

2.3　食物和葡萄酒搭配原理及法國酒菜搭配通則

　　在提出目前法國廣泛認同的食物與葡萄酒搭配通則之前，必得先了解幾個要件。

　　相同的食物，冷熱溫度不同會呈現不同的風味。例如一塊生冷的牛肉具有強烈的生肉腥羶味，但是在烹調技巧的影響下，包括火候和調味料的控制，會帶出牛肉各式獨特的滋味。再者，基於不同文化的影響，各文化對於冷、熱食物的接受程度不同，東方人對於法國的野餐冷食接受度低是眾所皆知的，主要原因是東方文化推崇熱食養身。

　　大部分的菜餚是在混合各式食材搭配烹飪的成果。通常一道菜中不管是肉或魚，加進醬汁、調味料和蔬菜，再配上麵包、米飯或麵條，會讓品嚐食物的風味與口感變得細緻複雜。尤其醬汁是特別會大大影響我們品嚐食物味道與協調感的重要因素。醬汁本身的味道帶來的影響則視料理方式而異，是主要食材（例如肉汁）的自然風味？或者是混合加入其他食材（香料、洋蔥、大蒜、油……等）後的結果？最重

要的原則是找到一道菜最主要的味道和口感，然後再決定選擇的酒是要搭配菜的味道，或搭配它的口感。所以常常可以挑選好幾款酒來搭配同一道菜。

油脂和鹽會加強食材原本的滋味。

基於不同文化的影響，食物的顏色會影響食欲。舉例來說，大部分法國人無法接受台灣的蚵仔煎，第一，它的樣子不好看；第二，淋在上面紅色、橘色的醬汁味道很奇怪。同樣的理由，對於口感是否協調的認知也不盡相同。例如，旅遊台灣的法國人多數很難接受豆腐與海蔘這兩樣食材做出來的菜。對於食物的新鮮度，不同地方的人也有自己的容忍度。以歐洲常見的乳酪來說，南歐人與北歐人就有不同的標準，北歐人通常食用工業處理（低溫殺菌）的乳酪，而對農家自製的乳酪食用意願低，對發酵食品也興趣缺缺。

對食物的四大味覺（中國歸納為五大味覺 15）：苦、甜、鹹、酸的接受、容忍程度，會因每個人從小所受的食物教育和個人因素的影響而不同。客家菜以鹹出名、廣東菜則以甜而獨秀。某些飲食文化會在同一道菜裡習慣性混合甜與鹹兩味，有些則否。例如一般法國人覺得豆腐是完全沒有味道的食材，所以不太喜歡吃。

因為食物需要經過咀嚼，比葡萄酒停留在口腔中的時間長，所以影響我們對口感與味道的認知比較強烈。於是台灣和中國的飲食習

慣──同時間上好幾道菜，就把區分各種味道的變化與協調性變得比較複雜。所有的食物都應該咀嚼久一點，才能夠嚐到食物最好的滋味。這是品酒的好習慣，能幫助我們了解食物和酒兩者之間的和諧。

烹調的方法會影響我們選擇所要搭配的葡萄酒。例如一道三分熟的牛排可以搭配淡紅酒，像 Saint-Nicolas-de-Bourgueil，而 Chinon 則需搭配熟一點的牛排。在台灣，清炒蝦仁可搭配 Touraine-Amboise 白酒，辣炒蝦仁則需搭配 Savennières 白酒，雖然這兩種白酒都是由 Chenin 葡萄釀造的。

一種口感一種香味的簡單菜，比較容易搭配酒；比較複雜的菜，就要注意烹調過程中的調味料或食材，有可能到最後，味道反而不明顯或消失了。因為烹飪是一種轉變的過程，所以在選擇葡萄酒搭配時，要以食物烹調完成後的口感和味道為準，而不能只參考料理一道菜時所需要的食材和配料。例如，在法國料理的醬汁中加入麵粉使它變得濃稠是常用的手法，麵粉是只會影響口感的食材；而在蛋炒飯中的米飯是這道菜的口感，也是主要的味道。有三種配料要特別謹慎：酒精類、醋和檸檬，加入這三種東西的任何菜是不適合搭配葡萄酒的，因為它們會破壞酒的味道。在法國料理中，如果必須加入酒來調味，會在烹調時加入和它搭配的同一款酒來調味，這是一種方法。另外，有蛋和巧克力的料理也很難和葡萄酒搭配。

15 辛辣是第五個味道（I. Kamenarovic, 1995）。

通常食物與葡萄酒搭配的「技巧」是一般品酒書籍著墨的重點，而文化因素卻很容易被忽略，但是文化因素有著無比重要的影響。首先，在法國、台灣或中國，餐宴的安排程序是完全不同的。法國餐宴的結構性高，一次上一道菜，因此可以很容易循序漸進的選擇一種葡萄酒來搭配一道菜，以追求兩者充分的和諧與平衡。在法國，關於如何搭配食物與葡萄酒的書籍，幾乎全都是以此結構來進行的。中菜則截然不同，主要是因為社會價值，「豐富與熱鬧」的文化因素根深柢固影響著中式餐宴的方式。所有的菜餚（甜點例外）幾乎是同時間或前後差距極少的時間內通通上桌，讓選擇搭配適當的葡萄酒款難度大幅增加 16。中菜的另一特色圓形餐桌，方便主人與賓客相互敬酒，而且隨時隨機、隨心所欲、沒有順序的舉杯飲酒，恰恰與法國人慢慢品嚐杯中葡萄酒的飲食風氣截然相反。中式餐宴的敬酒環節讓用餐氣氛熱鬧非凡，西方人則可能認為過於喧鬧吵雜，這個環節也可能是影響食物搭配葡萄酒的要件之一。至於談到用餐時間的長短，如以法國人的標準來判定，台灣人花在餐桌上的時間可能過於匆促，無法仔細、慢慢耐心的品味食物和葡萄酒。

基本上，有兩種方式尋求葡萄酒與食物之間的和諧。第一種方式是把品酒和吃分開，這樣的好處是可以清晰品嚐到葡萄酒和食物的結構與香氣，避免彼此干擾；困難點則是要靠記憶決定食物與葡萄酒兩

者之間是否協調平衡。但是，這種方式並不適用於一般的社交聚餐活動，因為不是所有出席的賓客都是食物與葡萄酒的專家。第二種方式是品嚐食物與葡萄酒「同時進行」，先吃一口菜，接著喝一口酒。這比較適用在一般的社交聚餐上，可以立刻評估兩者是否搭配。建議順序是先嚐食物，再喝一口酒（F. Audouze, 2004），這樣酒精的味道不會太濃，而且食物先把嘴暖一暖，酒的香味更容易散發出來。

在台灣常見男士們喜歡喝酒時乾杯，杯中的葡萄酒一飲而盡，結果是香味不會留在嘴裡，只有酒精的味道。在搭配菜餚時，只能大概的找到方向而已，所以不建議這麼做。在品老酒、高級的酒和好年份的酒時，我建議先喝一口酒，再吃一口食物，先品一口酒，因為真正的好酒值得先單獨品嚐來了解它，接著再進行食物和酒之間搭配的步驟。

在法國餐宴上食物與葡萄酒的搭配，通常有兩種方式 17。第一種是不管整組套餐的特色，只管一道菜搭配一款葡萄酒。二是採用一致性主題為原則來選葡萄酒款，以搭配餐宴的每一道菜。這兩種方式又有兩個選項可遵循，其一以葡萄酒為主、食物為輔，常見於葡萄酒行家品鑑某些特別酒款的聚餐，也常見於特殊的慶祝場合（結婚紀念日、生日等）開啟珍藏的葡萄酒；其二則以食物為主、葡萄酒為輔，所以葡萄酒愛好者就需要了解每種葡萄酒本身的特色來搭配食物。如果是

---

16 非常有趣的是，中國文化的用餐儀式與早期少數民族的「混沌」神話之間是息息相關的〔混沌一詞出自中國的少數民族（J. Girardot, 1983）〕。
17 我是指對一般的老饕。至於某些美食專家們研究出非常精緻繁複的方法應用在酒菜搭配上，對外行人來說很不容易遵循，更何況本書是針對台灣的讀者。

要用一致性主題為原則的餐宴，所面臨的挑戰會在 3.1 節深入探索。

　　葡萄酒行家不僅僅得注意每一道菜與葡萄酒款的搭配，同時要考慮前後酒款可能帶來的影響。對於中菜與台菜有第三種方式做餐酒搭，或者說第三種挑戰更為貼切：要如何選擇適當的葡萄酒款，以便同時與各種不同口感與滋味的食物搭配呢？

　　在法國，大部分的人都是遵照以下的原則，或許可以做為中式菜餚搭配葡萄酒的參考。品嚐葡萄酒常用的先後順序：

- 白葡萄酒最先品嚐，然後粉紅酒，最後紅葡萄酒
- 清淡轉至濃郁的葡萄酒
- 單純的口味轉至複雜的口味
- 年份年輕的葡萄酒到年份較老的葡萄酒
- 干到甜的葡萄酒

　　換酒的過程當中，建議中間喝水來中和兩種葡萄酒相互干擾的狀況。在台灣要小心別飲用水龍頭的水，通常都有奇怪的味道。根據我自己的經驗，綠茶是最有效能夠中和前一道菜或葡萄酒的飲料，不建議發酵或半發酵的烏龍茶和紅茶，因為這兩種茶餘香長遠。千萬別喝老茶或普洱茶，因為發酵的過程讓茶香濃烈，反而干擾下一款酒的品嚐。法國傳統會在上完主菜後，立即上一道冰沙（sorbet），清除一下之前菜餚留在味蕾上的味道，但是水與茶比冰沙更加有效又實用，因

為通常不可能在品嚐每種葡萄酒之間都吃一碗冰沙。

為了能夠完全欣賞到細緻的葡萄酒「美色」，一定要使用純白色的桌巾與適當亮度的燈光。避免附近有氣味強烈的芳香蠟燭（在台灣常見化學香氣的蠟燭）。味道強烈的香水、香菸和室內芳香劑、線香等等干擾香味，都要完全避免。

要使用醒酒器嗎？在法國的品酒專家之間，這也是一個極具爭議的主題。首先，如果不使用醒酒器，開瓶後就這麼擺著，幾乎不會影響葡萄酒香氣的結構，因為接觸空氣的面積太微小。開瓶的動作有一個好處，就是瓶中軟木塞與葡萄酒中極小空間的異味可以立刻排出蒸發。如果決定把葡萄酒倒入醒酒器，立即的動作是先將葡萄酒中的沉澱物除去，這常見於陳年紅酒。但是醒酒器也的確可以幫助年輕的葡萄酒快速、有效的表達香味架構。根據我的經驗，清爽的紅酒如 Beaujolais-Villages 與清淡的白酒如 Sylvaner Alsace，會因為醒酒的過程失去部分香氣。

我通常一定會醒年輕、具有個性的紅葡萄酒如 Madiran（100% Tannat 葡萄）或 Vin Jaune 及來自 Jura 的白葡萄酒 [18]。一般室內溫度在 18 度左右最合適。在台灣，年輕濃烈的葡萄酒，我建議醒酒 2 ～ 4 小時（如地點是法國，P. Casamayor 建議醒 2 個小時、A. Ségelle 建議 1 個小時即可）；成熟葡萄酒約需 2 ～ 6 個小時；陳年葡萄酒不需要醒酒。

[18] 我通常不會醒粉紅酒，少數例外：Jura 產區的 Poulsard 葡萄與稀有、濃郁的 Domaine Peyrerose（Coteaux-du-Languedoc）。

另一個供讀者們參考的醒酒時間長短指標，是由葡萄酒年份的質量來決定：一瓶不錯的 2004 年 Coteaux-du-Layon（Loire），可能只需要醒酒半個小時，香氣即可完全表達；可是相較於 2005 優良年份則需要 2 個小時醒酒。但是，如何定義年輕、強烈的葡萄酒呢？

就如同每種動物生命的長短不同，所以決定年輕或年老的時間是不同的。葡萄酒年齡的計算法決定於葡萄的種類、土壤、氣候和製造方式。舉一個極端的例子：Beaujolais-Nouveau 過了六個月就算陳年葡萄酒了，相較於優質 Rhône 河谷北部的 Côte-Rôtie，經過五年依然算是年輕的葡萄酒。葡萄酒濃度強弱則是依據酒精含量的濃度，一般酒精濃度 11 度的屬於清淡，13 度算強烈，13 度以上是極強烈了。

如果不確定一瓶酒是否需要醒酒，可以倒一小杯嚐嚐看它是否艱澀、沒有香氣，還是只有一點點香氣而已（我們用「閉鎖的」這個字來形容它的狀況），那醒酒就絕對必要了。反對醒酒派的說法是：葡萄酒在酒杯中就足以發展香氣了。這個說法某個程度上是正確的，醒酒器和酒杯都是醒酒的工具，不過他們忽略了喝酒在社交層面上扮演的角色。假設賓客對於葡萄酒的涉獵不深，有可能很快喝完杯中的葡萄酒（在台灣還滿常見的），對葡萄酒失望就在所難免了。所以主人最好可以先醒好葡萄酒，估計好客人抵達時為最佳適飲時間，這樣客人如果喝太慢就是他們自己的責任，最起碼客人可以感受到主人尊寵

法 國 葡 萄 酒

客人的用心。

正確的醒酒器是由水晶做成的，容器不要有任何顏色或雕花，這樣才可以清楚欣賞到葡萄酒的裙襬。有些葡萄酒，比如說，法國西南部的紅酒，倒在普通酒杯裡，深紅的顏色看起來幾乎是黑色，但是倒入醒酒器中效果完全不同，尤其在燈光的照耀下，看起來極盡華麗優雅。以視覺的效果來考量，醒酒器因為比酒杯大，在燈光下可以讓我們看到葡萄酒細微的顏色層次，比起酒杯的效果好很多。所有的酒一裝瓶後就開始變老，想要觀察葡萄酒變老後顏色的差別，就要倒入醒酒器中才看得比較清楚。當我把一瓶成熟的 Alsace grand cru 的 sélection de grains nobles Gewürztraminer 倒入醒酒器時，看著它金黃如杏桃派般的顏色，真是無可言喻的感官享受。醒酒器一般有兩種：底部較大的是用來醒年輕的酒，底部小的用來醒較老的酒。

葡萄酒很難搭配加入醋與檸檬調味的料理。有些作者對於這些食材與調味方式比較寬鬆，可是並沒有進一步提出如何搭配適合的葡萄酒。另一些以蛋為主的菜色，例如煎蛋捲（omelette）也不太適合搭配葡萄酒。能搭配巧克力的葡萄酒其實範圍很小，聞名的紅葡萄甜酒 Maury、Banyuls 和 Rasteau 很適合搭配巧克力。葡萄酒並不歡迎加入其他酒類如白蘭地、威士忌、紹興或高粱所烹調的菜色。其他辛辣的食物如泰國菜，也不容易搭配到適合的葡萄酒。

醒酒器：左邊的醒年輕的酒用，右邊的醒老酒用。

法 國 葡 萄 酒

建議在飲用葡萄酒前，絕對不要喝其他如威士忌、啤酒等酒精性飲料，因為喝了絕對會破壞、蓋過葡萄酒的香味和酒精濃度。

關於氣泡酒，重點是開瓶後就要倒數了。 細小調皮的氣泡不停的、連續的、排隊一般的向上冒，一旦泡泡消失了，趣味性就結束了。在台灣我看過太多好的香檳被敬酒的儀式破壞掉。客人會因為等敬酒／回敬酒的機會而不在第一時間喝完，香檳中的氣泡因為接觸過久的空氣而全都消失了，實在很可惜。

我想對侍酒師提出一個建議：葡萄酒不僅僅要和菜色搭配，也要同時搭配來賓。我自己觀察的經驗是，大部分的女士傾心酒精濃度較低和帶花香與水果香氣的酒類。這樣一個簡單優雅的貼心安排，顯現出對女士品味需求的了解，所帶來的感動遠超過禮貌上的寒暄。

下表是許多在法國的美食專家們建議搭配葡萄酒的菜色[19]。

最後，我心中最重要的一個規則，幾乎沒有專門書籍曾提過：葡萄酒熱愛者要去超越規則，早晚都要踏上征服自我習性、挑戰、嘗新、拓展味覺的旅程。如我將在 3.1 節提出的觀點，鑑賞家應帶著好奇、愉快的心去分享、創造、勾勒葡萄酒的風景畫。建構於這樣的觀點上，搭配葡萄酒與食物其實很接近欣賞一幅中國的山水潑墨畫。

[19] 在台灣很少吃到的食材沒有列出，例如蝸牛、起司、兔肉等。建議的葡萄酒只是部分而已。

湯類	在法國，通常湯類不會搭配酒，因為含水分太多。在台灣搭配辛辣口味的、味道強烈的和中藥燉煮的湯，可嘗試兩種粉紅酒：Rhône 區 的 Tavel、Côtes-du-Jura（Poulsard 葡萄），可搭配的紅酒：Mondeuse de Savoie、Marcillac。
生食海鮮類： 如生蠔、蚌殼類 	清淡的干白酒如Muscadet和Gros-Plant、Coteaux-du-Loir、Coteaux-du-Vendômois、Touraine區（Sauvignon葡萄）、Coteaux-du-Giennois、Pouilly-sur-Loire、Quincy、Reuilly、Sancerre、普通的Alsace（Riesling和Sylvaner葡萄）、Champagne（Chardonnay葡萄）、沒有進過木桶的Bordeaux干白酒、Picpoul-de-Pinet、Apremont、Ripaille、Chignin 等等。
料理過海鮮類	根據醬汁的淡或濃，搭配比上列要濃郁並帶有果香的干白酒，例如：Bourgogne、Chablis、Champagne premier cru和grand cru（Chardonnay葡萄）、Savennières、Saumur、Pouilly-Fumé等等。在台灣辣海鮮類可搭配粉紅酒，如Bellet、Bandol、Cassis、Côtes-de-Provence、Champagne、Rosé des Riceys、Sancerre、Marsannay、Menetou-Salon、Côtes-de-Toul、Bordeaux、Saint-Pourçain等等。 清淡的紅酒：Beaujolais-Villages、Chateaugay、Chanturgue、Boudes、Touraine和Anjou（Gamay葡萄）。
煙燻魚類 	有個性的干白酒：Alsace（Riesling、Gewürztraminer和Pinot Gris葡萄）、Savennières、Champagne Blanc de Blancs、Sancerre、Pouilly-Fumé、Pouilly-Loché、Pouilly-sur-Loire、Chablis grand cru和premier cru、干Jurançon、干Pacherenc-du-Vic-Bilh、Jasnières、Chassagne-Montrachet、Mâcon、Quincy、Reuilly。 粉紅Champagne也是一個選擇。

法 國 葡 萄 酒

烤魚類

干白酒：Gros-Plant、Muscadet、Savoie、Quincy、Reuilly、Saumur、Sancerre、Alsace（Pinot Blanc葡萄）、Côtes-de-Toul、Graves、Entre-Deux-Mers、Côtes-de-Provence、Saint-Véran、Coteaux-du-Cap-Corse、Patrimonio、干Bergerac等。

灰酒 **20**：Côtes-de-Toul。

淡紅酒：Valençay、Saint-Pourçain、Touraine和Auvergne（Gamay葡萄）。

醬汁清淡的魚類

干白酒：Meursault、Corbières、Côtes-de-Montravel、Bergerac、Côtes-de-Duras、Palette、Rosette、Crémant de Loire、Crémant du Jura、Bourgogne、Champagne brut、Alsace（Pinot Gris 和 Riesling 葡萄）等等。

粉紅酒：Buzet、Côtes-de-Duras、Bergerac、Rosé des Riceys 等等。

醬汁濃烈的魚類

比較濃的干白酒：Condrieu、Pacherenc-du-Vic-Bilh、Saint-Péray、Saint-Joseph、Hermitage、Châteauneuf-du-Pape、Champagne brut grand cru（Chardonnay和Arbane葡萄）、Alsace grand cru（Riesling和Pinot Gris葡萄）、Alsace（Muscat 和 Gewürztraminer葡萄）、Vin Jaune、Etoile、Corton-Charlemagne、Mâcon-Clessé、Bellet、Muscat du Languedoc、Alsace（Muscat葡萄）、Klevner d'Heiligenstein、Coteaux-du-Languedoc等等。

粉紅酒：Champagne、Patrimonio、Coteaux-du-Loir（Pineau d'Aunis葡萄）、Coteaux-du-Vendômois（Pineau d'Aunis葡萄）、Irouléguy、Bordeaux、Champagne Noir de Noirs、Costières-de-Nîmes、Coteaux-du-Languedoc、Corbières、Côtes-du-Roussillon、Coteaux-Varois、Lirac、Tavel等等。

辣醬汁和中藥醬汁的魚類可搭配紅酒：Pécharmant、Bandol、Bellet、Ottrott、Premières-Côtes-de-Bordeaux、Moulis、Canon-Fronsac、Côtes-

20 灰酒的法文是 Vin gris，是一種很淡的粉紅酒。

de-Bourg、Fronton、Marcillac 等等。

生魚類　　　　　　干白酒：Chablis、Crémant d'Alsace、Alsace（Pinot Gris和Sylvaner葡萄）、Crémant de Loire、Crémant du Jura、Champagne brut/extra-brut（Chardonnay葡萄）、Seyssel mousseux（微氣泡）、Beaujolais、Coteaux-du-Loir、Touraine（Chenin葡萄）、Muscadet-sur-lies、Menetou-Salon、Coteaux-du-Giennois、Cheverny等等。

白肉類　　　　　　豬肉要搭配比其他白肉濃一點的酒：

干白酒：Beaujolais、Touraine、Jasnières、Coteaux-du-Loir、Mâcon、Champagne brut和extra-brut、Alsace（Pinot Gris和Riesling葡萄）、Jura（Chardonnay和Savagnin葡萄）、Pouilly-Fuissé Saint-Véran等等。

紅酒：Coteaux-du-Lyonnais、Médoc、Collioure、Chambolle-Musigny、Hautes-Côtes-de-Nuits、Morey-Saint-Denis、Alsace和 Jura（Pinot Noir葡萄）、Savoie（Mondeuse葡萄）、Saint-Joseph、Menetou-Salon、Coteaux-du-Giennois、Marcillac、Coteaux-du-Loir（Pineau d'Aunis葡萄）、Mâcon等等。

粉紅酒：Rosé des Riceys、Coteaux-du-Loir（Pineau d'Aunis 葡萄）、Champagne 等等。

雞肉：

白酒：Arbois、Etoile、Hermitage、Chablis、Bourgogne、Mâcon、Costières-de-Nîmes、Côtes-du-Rhône、Entre-Deux-Mers、Pouilly-Fuissé、Pouilly-Vinzelles、Savennières、Champagne brut（Chardonnay 葡萄）、Crémant de Loire等等。

中度酒精的紅酒：Saumur、Chinon、Bourgueil、Saint-Nicolas-de-Bourgueil、Saumur-Champigny、Coteaux-du-Loir（Pineau d'Aunis葡萄）、Anjou-Villages、Beaujolais、Beaujolais-Villages、Côtes-de-

法 國 葡 萄 酒

Bergerac、Bouzy、Coteaux-Champenois、Volnay、Beaune、Savigny、Monthélie、Listrac、Côtes-de-Blaye、Bordeaux、Côtes-de-Francs、Margaux、Gaillac、Menetou-Salon等等。

粉紅酒：Palette、Marsannay、Coteaux-du-Loir 等等。

鵝肉：

搭配和雞肉類似但是比較濃的白酒像 Champagne brut（Pinot Noir 葡萄）、Beaujolais 特級紅酒、Bourgogne premier cru 紅酒等等。

紅肉：
牛肉、羊肉、鴨肉（紅肉類搭配酒比較複雜，不同的肉可能搭配很不同的酒，右表建議的酒僅是一般通則而已）

用烤和BBQ烹調方式：Cheilly-lès-Maranges、Maranges、Santenay、Saint-Aubin、Chassagne-Montrachet、Blagny、Saint-Romain、Auxey-Duresses、Monthélie、Volnay-Santenots、Volnay、Pommard、Beaune、Côte-de-Beaune、Chorey-lès-Beaune、Savigny、Pernand-Vergelesses、Aloxe-Corton、Corton、Ladoix、Côte-de-Beaune-Villages、Givry、Brouilly、Juliénas、Moulin-à-Vent、Graves, Saint-Emilion、Saint-Julien、Côtes-de-Bourg、Pomerol、Lalande-de-Pomerol、Fronsac、Moulis、Pauillac、Côte-Rôtie, Cornas、Gigondas, Châteauneuf-du-Pape、Crozes-Hermitage、Côtes-du-Ventoux、Bandol、Bellet、Coteaux-d'Aix、Côtes-du-Lubéron、Faugères、Minervois, Côtes-du-Roussillon、Corbières、Fitou、Collioure、Buzet、Pécharmant、Bergerac、Cahors、Madiran、Béarn、Patrimonio、Chinon、Saumur-Champigny等等。

辣醬汁的紅肉：要搭配強烈或較老的紅酒，例如Cornas、Hermitage、Crozes-Hermitage、Châteauneuf-du-Pape、Patrimonio、Madiran、濃的Coteaux-du-Languedoc如Domaine Peyrerose、濃的Côtes-du-Roussillon如Domaine Gardies、Daumas Gassac等等。

燉煮的紅肉：中度酒精的紅酒或淡紅酒像Chinon、Bourgueil、Saint-Nicolas-de-Bourgueil、Saumur、

Coteaux-du-Loir、Côtes-du-Jura（Trousseau葡萄）、Menetou-Salon、Côtes-de-Bourg、Médoc crus bourgeois、Gaillac、Irouléguy、Béarn、Buzet、Côtes-du-Marmandais、Cahors、Fronton、Marcillac、Villars-sur-Var、Costières-de-Nimes、Coteaux-du-Languedoc、Saint-Chinian、Minervois、Fitou、Côtes-du-Roussillon-Villages、Bourgogne、Hautes-Côtes-de-Nuits、Hautes-Côtes-de-Beaune、Mâcon, Côte-Chalonnaise, Chiroubles、Saint-Amour、Brouilly、Côte-de-Brouilly、Fleurie、Moulin-à-Vent、Juliénas、Morgon、Régnié、Chénas、Alsace（Pinot Noir葡萄）、Bouzy、Sancerre等等。

野味：
鹿肉、山豬和鴕鳥肉等

要搭配強烈或較老的紅酒，尤其是具有特別腐植土和香料味道的酒，特別搭像：Côtes-du-Jura（Poulsard葡萄）、Savoie（Mondeuse葡萄 vieilles vignes 老藤）、Ottrott、Madiran（100% Tannat 葡萄）、Marcillac 等等。

蔬菜類

豌豆、紅白蘿蔔等搭配淡紅酒像：Beaujolais-Villages、Touraine、Fief Vendéens、Côtes-d'Auvergne、Alsace（Pinot Noir 葡萄）、Coteaux-du-Giennois、Côtes-Roannaises、Saint-Pourçain 等等。
粉紅酒：Rosé de Loire、Touraine、La Clape、Faugères等等。
包心菜、青／紅彩椒等蔬菜搭配稍微強一點的紅酒：Bordeaux-Supérieur、Saumur、Menetou-Salon、Bourgogne 等等。
味道重的蔬菜如茄子和菠菜要搭配有個性的紅酒：Morgon、Juliénas、Coteaux-du-Loir、Gaillac 等等。
蘆筍、豆芽、竹筍搭配白酒：Côtes-du-Jura（Savagnin葡萄）、Vin Jaune、l'Etoile、Alsace

法 國 葡 萄 酒

（Pinot Gris葡萄）、Savennières、Jasnières、Gaillac（Mauzac葡萄）、Graves等等。

| 其他食物 | 味道強的菇類搭配淡到中度的紅酒（由醬汁淡濃來決定）。 |

水果（在台灣常以水果代替飯後甜點）

橘色哈密瓜[21]：甜白酒Pineau des Charentes、Muscat de Frontignan、Muscat de Beaumes-de-Venise、Muscat de Saint-Jean-de-Minervois、Coteaux-du-Layon、Anjou Coteaux de la Loire、Vouvray、Montlouis、Bonnezeaux、Cadillac、Loupiac等等。甜粉紅酒 Cabernet d'Anjou、Cerdon等等。

綠色哈密瓜：稍微干的白酒像 Vouvray demi-sec[22]、Montlouis demi-sec、Coteaux de la Loire demi-sec、Coteaux-de-l'Aubance、Coteaux-d'Ancenis（Malvoisie 葡萄）、Saumur mousseux demi-sec 等等。

水蜜桃、梨子、蘋果、釋迦、芭樂、黃色的金煌芒果和木瓜等水果，所搭配的酒和綠色哈密瓜相同。香蕉芒果和荔枝特別適合搭配 Alsace（Gewürztraminer 葡萄 vendanges tardives 和 sélection de grains nobles）[23]。

水分很多的水果像橘子、西瓜、葡萄柚等不容易搭配葡萄酒。

把紅莓和藍莓類的水果加入香檳中的做法很有趣，但是並不搭。

---

[21] 在法國有一道用橘色哈密瓜做的很普遍的開胃菜：哈密瓜切一半，去籽後加入甜酒。但是這道菜會影響到下一瓶酒的口感。

[22] 法文 demi-sec 的意思是「半干」，是介於甜酒和干白酒之間的酒。

[23] vendanges tardives 是指晚摘而且要整串葡萄人工採收的做法；sélection de grains nobles 是手工一顆一顆採收貴腐葡萄的做法。

2.4　台灣的飲食文化

想要嘗試把法國葡萄酒和中國菜來個速配，我覺得難題絕對不在於「技術」的層面，而在於如何陳述這兩個極重視味覺傳統的悠遠文化。美食家想要突破常規把法國葡萄酒融入台灣美食，就得認真考慮跨文化層面的因素，而第一個嘗試，理所當然的是閱讀國外相關題材的書籍，尤其是法國出版的，尋找點靈感，因為法國葡萄酒是聞名全球的優質葡萄酒，而這第一步就很可能會碰到難以克服的障礙。

因為法國專家都在法國特有飲食文化傳統中成長，形成他們對於葡萄酒與食物搭配上既定的成見。一般來說，他們對中國菜表面上淺薄的了解，只有來自法國的中國餐館或是到中國、香港和台灣幾次短暫的旅遊。事實上，在法國中國餐廳吃到的已非道地的中國菜，通常混合了越南、泰國等廣義東方菜去迎合當地法國人的口味。很多餐館的中菜廚師是為了在法國生存才選擇廚師的行業，他們大部分本業都不是廚師。

另外，法國的書籍普遍會忽略掉中國與台灣的文化，無法了解何謂中式禮儀。舉例來說，在台灣葡萄酒屬於舶來品，是在中式餐會上選來搭配菜餚的酒，可能代表的意涵包含主人的身分、面子問題等等。這是社會學的飲食偏好及人類學中食物文化與文化研究的領域。

接下來我所描述的一些台灣飲食生活特色和習慣，起碼台灣的讀

者看到後可能會心一笑，但我並無意圖教導台灣的文化，僅止於提醒這些文化因素和法國文化的落差，讓讀者可以更深入思考如何「以台灣菜色為主角」來搭配法國葡萄酒。下面五點是法國酒和中式菜餚的搭配上，在文化領域方面要注意的事項：

第一個可能會忽略的是中式／台式上菜方式。法國用餐的順序與架構是：首先是前菜，主菜通常是肉類或海鮮（有時會有雙主菜），配上蔬菜、沙拉、乳酪與甜點，相對比較容易安排葡萄酒與菜餚的搭配或進行各式味覺的探索，這點可從法式宮廷花園的風格中看出法國人追求理性的天性。然而直到十九世紀末之前，法國餐桌看起來就如同中式餐桌，全部的酒和菜是一起上桌的；直到十九世紀末，受到俄羅斯的影響才改成一道一道的上菜。

第二點，在台灣，飲食文化因為社會價值的影響，用餐儀式得具備「熱鬧」與「豐富」的元素才完美，同時也深深影響台灣美食家的態度和喜好。「熱鬧」指的是任何享用美食的場合中必定要營造的愉悅氣氛，如寒暄、高聲談笑、划拳、敬酒、乾杯等等。起源很有可能來自於中國遠古「混沌」一詞的影響，在中國神話中（借用住在中國的 Austronesian 原住民部落，J. Girardot，1983），「混」的意思是宇宙創始之初萬物不可辨識，混在一起，主要的象徵之一是「湯」。在台式或中式飲食的習慣裡，這個神話的影響流傳到現在，就是把各式

佳餚一起上桌或沒有順序隨性上菜的習慣。

在台灣中式料理中，混合各種味道與口感不會帶來任何不愉快的影響，這和法國飲食文化恰恰相反，如慶典般的歡樂氣氛與滿桌各式各樣口味的佳餚，讓賓主有著心理與生理上無比豐盛的滿足感。至於「豐盛」的社會價值，很明顯是源自於深植台灣與中國的傳統農業社會，這在全世界任何農村社會裡都可見到，是不論在年度慶典或特殊場合中用來炫耀財富與慷慨的表現。桌上豐盛菜餚的本質是在重申與強化多元性的融合，同時再次肯定個體全然融入群體，因此間接證明某個人在這群體中領導的威信與地位。就技術層面而言，這種同時上菜的方式對美食家是具有挑戰性的，面對沒有固定上菜順序與各種相異味道和口感的食物，要挑選適合搭配的葡萄酒真不是件容易的事。我在第三章會建議如何應對這樣的挑戰。

第三點，不熟悉台灣飲食上菜習慣的法國人，在宴會吃飯時，常以為是要比賽打破上菜速度的紀錄。在中式餐桌上，鮮少有機會可以讓葡萄酒愛好者有足夠時間品嚐每一道菜與葡萄酒之間的和諧共鳴；如果堅持，那麼吃下一道菜時一定是冷的。結論是：一般來說中式餐桌上菜速度太快，時間過於匆促，和品嚐葡萄酒得慢慢來的原則背道而馳。

第四點，與「熱鬧」密切相關的就是吵雜的用餐環境。如果與法

烤烏魚子

烏魚子特殊的日曬後鮮甜及鹹香，
口感軟中又帶有彈性，適合精緻有
個性的白酒。

Pouilly-fumé

Savennières

三杯雞

九層塔及蒜頭的辛香味，適合搭配有香味的白酒。

Vouvray

清蒸螃蟹

海味鮮甜、口感細緻，
適合細緻的干白酒、高
級的氣泡酒。

Puligny-Montrachet
1er Cru

樹子蒸魚

口感甜甜鹹鹹的魚肉，尾韻有一點冬瓜的苦味，
可搭配細緻有香味的白酒、很干的粉紅氣泡酒。

Brouilly

炒蔭豉蚵

柔軟滑溜的海味青蚵有著發酵的醬鹹香，尾韻微辣，
可搭配味道中間至濃的白酒、淡的紅酒、粉紅酒。

梅乾扣肉

梅乾特殊的陳年土質香，加上肉質軟爛鹹香，
適合有水果或土和木頭香味的紅酒。

Jasni res

Corton-Charlemagne

客家茄子

口感軟滑的茄子，吸飽蒜頭九層塔的辛香味，醬香為提味，
適合很濃的 Provence 白酒、中度酒體的紅酒。

Graves d'Ardonneau

鹽酥溪蝦

蝦殼鮮香酥、蝦肉鮮甜，餘味微辣，
咀嚼後有自然的甘甜鹹香，適合干白
酒、干粉紅酒。

Pommard
Pézerolles

紅燒獅子頭

肉質紅潤油亮有彈性，
風味甜美溫潤，適合中
度酒體至濃郁的紅酒、
很濃的粉紅酒、香味豐
富的白酒。

雪菜百頁

雖然口味雲淡風輕,卻又有令人難忘的細緻鮮美,
適合淡的干白酒。

Gauby Les Calcinaires

Domaine
Zind-Humbrecht

Château de Fosse-Sèche

脆皮鮮蝦球

外皮酥脆，內餡鮮甜有彈性，香潤可口，
可搭較酸的干白酒、干粉紅酒。

清蒸臭豆腐

黃豆發酵後的臭香，風味細緻濃厚豐富，
適合味道濃郁的高級白酒。

Château-Chalon

Domaine Peyre Rose
Syrah Léone

紅燒牛肉

牛肉的香味，有嚼勁，近尾韻微辣，
適合濃的紅酒、濃的粉紅酒。

北京烤鴨

鴨皮酥脆，肉質軟嫩，有野禽的特殊風味，
醬甜蔥辛微辣，適合高級的 Bourgogne 紅酒、
粉紅 Champagne、很有香味的高級白酒。

Chambolle-Musigny

Château de Putille

三寶拼盤

叉燒甜香，油雞軟嫩，烤鴨皮脆有口感，
適合很有香味的細緻紅酒、高級的粉紅氣
泡酒。

Viré-Clessé

鮮蝦腸粉

腸粉皮柔軟滑嫩、內餡的蝦仁鮮脆，
薄薄的醬油汁微甜，適合氣泡酒、淡
的白酒。

Jasnières

蒜泥白肉

豬肉油脂的香味搭配辛香及醬油香，
適合香味濃郁的白酒、氣泡酒。

Champagne
Marie-Noëlle Ledru

宮保雞丁

雞肉軟嫩彈牙的口感，配上辛香、醬油香及麻辣香，
適合濃烈的白酒、濃郁的香檳。

酸菜白肉鍋

肉片肥美多汁，酸菜爽脆，溫柔舒爽的天然發酵酸味，尾韻微辣，
適合有植物香味的干白酒、有水果香味的干白酒。

Sancerre

Volnay 1er Cru

醬牛肉捲餅

餅皮彈牙，抹醬微甜有醬香，大蔥青脆辛辣，牛肉香濃有嚼感，
適合很濃的白酒、有水果香味酒體中度至濃烈的紅酒、有濃郁水
果香味的粉紅酒。

國比較，台灣一般餐廳是喧鬧吵雜的。首先，根據法國的葡萄酒品嚐規則，喧鬧在正式的品酒環境是沒有任何益處的。然而，在喧鬧的環境下品嚐好酒好菜對台灣人似乎並沒有任何妨礙，大家太熟悉這個場景了，更何況高級一點的餐廳都提供私人包廂。如果不巧沒有包廂，比較棘手的是別桌飄來的菜香絕對會造成干擾，特別是隔壁桌剛好點到濃郁的菜，例如臭豆腐。另外，很多廚師偏好在料理中加入米酒調味，也會影響和葡萄酒的搭配。至於味精這類人工調味料，更會對品嚐葡萄酒造成干擾。

第五點，台灣大部分的餐廳並未提供品嚐葡萄酒的專用酒杯，少數有提供酒杯的地方，常聞得到洗潔劑殘留的化學味。另外常有的情況是酒杯沒有正確的擦乾，所以玻璃／水晶酒杯的透明度不夠。使用冰桶以前，首先確定一下準備是否正確。冰桶要放入三分之二的冷水與三分之一的冰塊，光放冰塊是沒有用的。把葡萄酒放入冰桶時，確定冰水水平完全淹蓋過瓶內葡萄酒的水平。葡萄酒愛好者請注意這些細節，馬虎不得！

最後我個人覺得很可惜的是在飲食方面，在台灣的餐廳，除了中國、台灣本地美食之外，可以嚐到日本、法國、義大利、其他東南亞國家等等各式異國料理，但是在法國葡萄酒的世界裡，卻只青睞少數的幾種酒款，應該可以有更多樣化的酒款來搭配上述各類美食。

2.5　在台灣挑選法國葡萄酒

台灣有購買知名葡萄酒的強烈流行趨勢，例如 Bordeaux、Bourgogne、Champagne 與少數 Rhône 產區的葡萄酒。紅葡萄酒是台灣葡萄酒愛好者的最愛，原因是大家普遍認為（大部分是以訛傳訛）紅酒酒精濃度較高；尤其是男士們，因為他們習慣飲用烈酒。另外一個原因則是健康角度的考量，根據美國與英國學者研究法國人喝葡萄酒的習性，發現每日飲用一杯紅葡萄酒可以降低心臟病發作的機率。我當然感激這些英文研究文獻推廣法國葡萄酒，可是並不只有紅葡萄酒對健康有正面的影響。莫瑞醫生（E. A. Maury）在 1976 年出版了一本知名的書，列出其他葡萄酒款 [24] 對健康的正面影響，舉例來說：Muscadet 白酒與 Provence 的粉紅酒對動脈硬化症有益；推薦 Anjou 與 Vouvray 的白酒，它們能減緩膽汁分泌不良的狀況；冠狀動脈發炎者適飲不甜的香檳；胃脹氣者適飲 Alsace 的年輕或干白酒；高血壓者適飲 Sancerre、Pouilly 或 Alsace 的白酒等等。

台灣消費者偏好紅葡萄酒且往往追求知名酒莊的趨勢，局限了市面上流通的葡萄酒款。我呼籲台灣葡萄酒愛好者給予進口酒商多一些壓力，促使他們提供更多產區與種類的葡萄酒款。當市面上葡萄酒的種類更繁多時，也意味著可以搭配範圍更大、更多種口味的菜餚，同

法　國　葡　萄　酒

時也開啟更具創意、個性、開放心態的美食文化。此外，有很多法國葡萄酒進口到台灣的原因是基於價格而不是品質，消費者不應該受到酒標上知名產區的蒙蔽，就算是法國知名的產區也有劣質的酒，比方說：酒標上標明 Bourgogne 或 Bordeaux-Supérieur，不保證一定是好酒（事實上，Bordeaux Supérieur 是品質較差的評定分類），而是應該要去查證台灣專家出版的書籍，或者外國專家的專書（O. Poussier, 2010; E. Malnic, 2010; H. Johnson, 2009; R. Parker, 2008）。參考其他的資訊也可行，但重點是他們對好酒的標準要說明得非常清楚，不可以只給一個評分而已。另外，台灣葡萄酒愛好者常用的標準是盲目的購買某些雜誌或書籍推薦高評分的葡萄酒，消費者似乎忘了這些書籍可能是透過推薦葡萄酒賺取酒商的廣告費來謀生的。

　　為了提高在台灣葡萄酒的銷售品質，消費者應該要求酒商提供每

[24] 這些建議不應該認定為醫學療法，但可視為輔助的食療。

種葡萄酒適飲的溫度、需要提前醒酒的時間和適合搭配哪些餐點及原因，同時經常向認真敬業的酒商購買葡萄酒來鼓舞他們，畢竟，專業應該要得到回報。

法 國 葡 萄 酒

3—
法國葡萄酒搭配
台灣美食的想法

我發現用「風景」這個例子可
以幫助學習者培養細緻的敏銳
度，慢慢了解美酒如何搭配美
食的藝術。這個觀念非常接近
中國古代文人雅士一面飲酒或
品茗，一面欣賞山水畫。此外，
我發覺這是一個跨越語言隔
閡，和朋友分享內心私密空間
的好方法。

本章透過葡萄酒與食材搭配來介紹兩種文化（或更多 1）之間的交流。我也有幾個讓台灣美食家探索更多可能性的建議，但這些建議不應解讀為規則。接下來的兩個章節介紹一般法國人酒菜搭配的概念與習慣，之後我會根據台灣的飲食習慣建議如何搭配法國酒。

3.1 邀請賓客進入酒菜搭配的「風景」中

在法國，通常有兩種葡萄酒與菜色搭配的模式。第一種，完全不考慮前後的菜色順序，僅僅就一道菜來搭配一款適合的葡萄酒。在這個前提下，可以全面性考量一道菜與一款葡萄酒在香氣、強度與精緻面的搭配是否完美。在每道菜中間，應該要喝點水或綠茶來中和、減低前一輪酒和菜在口中留下的味道，因此就需要更多的用餐時間。在台灣，必須先得到餐廳與服務生的同意，才能擁有較長的用餐時間。當然如果在家用餐，時間就比較容易安排，在可以自由控制出菜的情況下，對於一些味道特殊不易搭配的葡萄酒或菜色，比較容易掌握品酒的進度。也有可能，有些葡萄酒款與某一菜色單獨搭配可能是完美的組合，但是出菜的順序卻可能干擾這種原本完美的搭配。

另外一種模式，用餐前先想好品酒進度的方式，通常有三種選擇。葡萄酒味道由淡而濃：採用白酒—粉紅酒—紅酒的順序，或者先品嚐年輕的葡萄酒，再安排年份較老的葡萄酒。這些規則通常不太嚴

格，因為還有其他標準可能會影響品嚐的進度，比方，假設一款白酒的濃度高於一款紅酒，那以上的順序必定得調整。換一個比較詩意的做法，我喜歡用「風景」來比喻第二種方式。當我準備享受一次葡萄酒與美食的搭配之旅時，就會把自己化身為健行者，流連於中國山水畫中的山與山嵐之間。法國葡萄酒鑑賞家（M. Coutier, 2007）習慣用空間的形容詞來表達他們對葡萄酒的感覺，比方說陡峭的坡度（steep slope）、扁平（flattened）、圓滑（rounded）、顛簸（bump）、雄偉（massive）、尖銳（sharp）、深厚（deep）、垂直（vertical）等等。葡萄酒中的酒精濃度與酸度含量會在熟成的過程中慢慢影響香氣的釋放，從而帶給我們上述的感覺。

此外，在葡萄酒品嚐課程中常常用「一座山」來比喻葡萄酒適飲的生命週期。「上坡」代表葡萄酒還需要一些時間才能到達巔峰期，「巔峰期」代表葡萄酒已到達最佳適飲的時間點，「下坡」的意思是葡萄酒的香氣開始下降了。以下的圖能夠總結說明極端的風景，例如 Bordeaux 5 premiers crus classés：Château Lafite-Rothschild，Château Latour，Château Margaux，Château Haut-Brion，Château Mouton-Rothschild，有緩慢、緩長上坡期（當然這是統計上的平均值），意味著葡萄酒必須經過很長的時間才會成熟，通常大概需要十年的時間才值得品嚐，耐心等待最佳適飲期是必要的。然而，耐心等待是值得的，

1　為了方便起見，這裡所說的兩種文化指的是法國文化和中國人世界的文化，但是本書絕對有包含其他客家、閩南……等文化的影響。在法國也可以把 Provence、Alsace 文化和一般所說的法國文化分開來談。

因為這些酒都有緩長的平原期，亦即這些葡萄酒有好幾年的巔峰適飲期，還有保持較長較緩慢的下坡曲線；換句話說，即使已經在下坡期，它們還是能夠相對長時間保有主要的香氣。Beaujolais-Nouveau 就是另一極端的例子，尖銳凸兀的上坡期意味著它得在短期內飲用，因為下坡期的速度跟上坡期一樣快速。

圖 3-1 Bordeaux 高級葡萄酒的生命週期

高級的酒需要 10-15 年的熟成，高峰期可以
持續好多年，品質下降速度很慢。

圖 3-2 Beaujolais-Nouveau 的生命週期

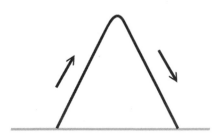

不適合長期保存的酒，快速熟成，
品質快速下降。

法 國 葡 萄 酒 搭 配
台 灣 美 食 的 想 法

這樣一來，就可以想像我所謂的葡萄酒「風景」了。另外一個例子：餐會一開始，先安排品嚐酒體清淡的 Touraine 白酒，想像我們是徘徊在平緩的山坡上。接下來品稍濃一點的 Bourgogne premier cru 紅酒，就像是緩緩往上坡前進，接著品力道較強勁的 Bordeaux deuxième cru 紅酒，帶領我們進入高山區域。如果最後飲用 Alsace sélection grains nobles grand cru，那我們持續留在高山上，想像如果換一款 Crémant de Loire 的不甜氣泡酒，我們就是回到了郊外的鄉下。此外，有些淡一點的酒會被安排在兩道濃郁的酒中間，是為了讓味蕾和頭腦休息一下。

然而要創造這樣的風景，單靠酒標上的酒精濃度是不夠的，必須要熟知葡萄酒的年份，因為它影響酒的香氣和構造。一旦擁有對葡萄酒深度的了解，愛好者就可去探索成千上萬種酒菜搭配的組合。我發現用「風景」這個例子可以幫助學習者培養細緻的敏銳度，慢慢了解美酒如何搭配美食的藝術。這個觀念非常接近中國古代文人雅士一面飲酒或品茗，一面欣賞山水畫。此外，我發覺這是一個跨越語言隔閡，和朋友分享內心私密空間的好方法。

3.2 「橫向」和「縱向」品酒

根據古吉爾（M. Coutier, 2007）的說法，葡萄酒「橫向」品酒的意義是：同時品嚐來自同一法定產區管制（A.O.C.）、相同的年份與

相同葡萄品種的酒。舉例，如果我品嚐 Loire 產區各款 2005 年的白葡萄酒，而它們都是干白酒或甜白酒，這樣就達到橫向品酒的條件。橫向品酒的目的是尋找 2005 日照充足的那一年，Loire 產區所有葡萄酒的特徵與其代表性，例如較高的酒精度、日照充足經典的香味等等特質。我也可以縮小範圍只挑選來自 Savennières A.O.C. 的干白酒（Loire 河谷內的一個小產區），目的就是想要了解同一區域內的各家酒莊是如何釀造自家的葡萄酒。我也可以選擇下面幾種標準做不同目的的品酒模式：

挑選 Loire 產區來自 Vouvray A.O.C. 與 Bonnezeaux A.O.C. 的甜白酒，我想要試著找出風土對同一葡萄品種在釀造過程中的影響。

如果品嚐 Bourgogne 或 Champagne 區的 premier cru 與 grand cru $_2$，我可能會聚焦在 premier cru 這個分類，比較 Bourgogne 不同 A.O.C. 區的 premier cru 紅酒，這樣一來，我的焦點放在風土的影響。如果只品嚐 Bourgogne 其中一個 A.O.C. 產區，例如 Vosne-Romanée 的葡萄酒，我會留意不同酒莊製造葡萄酒的技術。假設我品嚐 Vosne-Romanée 的 premier cru 和 grand cru 紅葡萄酒，則會比較酒莊製酒的技術和不同風土這兩種因素的影響。當然品酒主題也可以設定為：同一產區兩家不同酒莊的比較，挑選由女士釀造的葡萄酒或進過木桶的葡萄酒，來看看它們的特色。

在台灣，品嚐同品種葡萄在完全不同的土壤成長所釀的酒的差異性比較困難，但不是不可能。這個艱難任務的困難點在於分辨何種葡萄生長在何種土壤，不過最容易找到答案的方式是上網查看酒莊網站，通常上面都會註明。對於通英文與法文的讀者，有些專業書籍裡會明確記載葡萄品種適合種植的土質（Fanet J., 2008）。我特別喜歡Alsace產區的葡萄酒，通常在背標上會記載葡萄藤出自何種土質。很神奇，同樣是Riesling葡萄所釀的葡萄酒，生長在黏土和花崗石土壤的葡萄，可能有完全不同的酒體與香氣。我有幾次接受Alsace葡萄酒收藏家的邀約，一次品嚐十幾款來自完全不同土質的Riesling grand cru，那經驗真像是一場滿溢香味在鼻尖、味蕾跳躍的盛宴，令我陶醉，畢生難忘。

以上不同方向品酒的可能性，靠著葡萄酒鑑賞家的想像力，可以無限擴展。如果品酒的意圖不是想要炫耀的話，其實為一般民眾介紹如何品酒是有趣味的文化活動。

「縱向」的葡萄酒品嚐方式，也是挑選相同產區、同一家酒莊但不同年份的葡萄酒，這通常是葡萄酒收藏家的特權了。事實上，在台灣要品嚐Bordeaux 2009 ～ 2000年份的紅葡萄酒並非難事，但如果想喝到1990年份的就困難多了。在台灣要找到年份在1950或1980還可以喝的葡萄酒，絕對需要財力、耐心與好運氣[3]。至於在台灣要找較

---

2 有些區域如Bourgogne擁有各類不同的風土條件，於是當地委員會制定了產區分級制度，區分為四個等級：地方性法定產區（Régionale），村莊級法定產區（village），品質較好的一級葡萄園（premier cru）到品質最高的特級葡萄園（grand cru）。Bordeaux產區的分類方式不同，也比較複雜，請查閱其他葡萄酒專書。

不知名的酒區如 Loire 或 Jura 產區老年份的酒，則是難上加難。

　　縱向品酒是非常令人愉悅的，尤其深受懂歷史的人喜愛，一場品酒彷彿穿越時空回到過去，一瓶一瓶回憶屬於那個久遠年份獨特的葡萄酒。而最珍貴的是擁有一個機緣，能夠品嚐到成熟多年的老酒，時間讓它們醞釀出不同凡響的獨特香氣。任何骨董收藏家都能了解、欣賞時間在老東西上留下的光澤。當然，有時候一瓶老酒也可能令人失望，那是因為酒的結構經過歲月的洗禮消失了，但這就是遊戲的規則之一（中國人非常了解遊戲的魅力，少了遊戲，人生將是多麼無趣）。

　　年份的選擇就可以有很多考量的依據：賓客的生日年份，小孩或家裡不同成員的生日年份如：祖父、父親與兒子、幾位母親的生日，年份特別好的葡萄酒，紀念日如：結婚、生日、金榜題名、新居落成、幾對夫婦的結婚紀念日……等。當我們品嚐同一酒莊不同年份的葡萄酒時，觀察酒莊逐年製酒技術與觀念的演變是相當有意思的，只是在收購同一酒莊不同年份的酒，需要有耐心與忠誠度。

3.3　陰、陽的觀念和葡萄酒

　　在法國，專業品酒師傾向把葡萄酒的屬性二分為陰性（féminin）和陽性（masculin）。根據《葡萄酒語彙字典》（*Dictionnaire de la langue du vin*, M. Courtier, 2007, p.200）中的解釋，用在葡萄酒的陰性形

容詞是指「葡萄酒的變化是細微的，味道不覺厚重，它的魅力來自於溫和 ₄、幽雅細膩及柔順的口感，其香氣韻味的特質及顯著圓潤的芳醇，蓋過了酒的酸澀感 ₅」。陽剛特質的酒正好相反，字典裡對陽性的敘述是「葡萄酒的酸度、酒精度和單寧三者之間形成良好的架構且具有強烈的個性，陽性葡萄酒給人充滿力量與結實的感覺 ₆」。

在台灣與中國，大家都了解「陰」是女性的象徵、「陽」是男性的象徵。我個人對法國葡萄酒可以融入中國哲學的概念深信不疑，特別是這些概念早已經深植於中國人的日常生活（養生、占卜、風水、針灸和指壓、武術、花藝……等）當中，如果大家同意我的想法，那就讓台灣的酒迷們找出葡萄酒陰陽的屬性吧。

首先，我們要了解葡萄酒陰陽屬性是品酒者主觀的看法，以至於沒有人可以百分百的用二分法，連專業品酒師都不能一致同意每瓶葡萄酒陰陽屬性的歸類。所以葡萄酒迷需要建立自己對於葡萄酒陰性與陽性歸類的一套標準，而非一味依賴專家的說法，如同潔那維夫·特

3　提醒讀者在購買年份較老的葡萄酒時要特別小心，不能僅僅參考年份，要看它是否還能繼續熟成，再過幾年才到達高峰期。我的觀點是葡萄酒保存的方式更加重要，如果儲存葡萄酒的溫度不穩定，忽高忽低，即便是最好的老酒也很快就會「死」了，如果你不確定葡萄酒商的專業程度，購買年輕一點的酒比較保險。

4　A. Ségelle 更喜好 suaveness 一詞，中文意為柔順。

5　Féminin "Qualifie un vin tout en nuances, sans lourdeur, qui charme par une impression de douceur, de délicatesse et de souplesse due à ses qualités aromatiques et au moelleux dominant l'astringence."

6　Masculin "Qualifie un vin bien pourvu en acidité, alcool et tannins, au caractère intense, qui donne une impression de puissance et de solidité."

葉（Geneviève Teil, 2004）在她知名的西班牙葡萄酒研究裡，對愛好者提出的相同建議。最後，法國葡萄酒專家對於葡萄酒的陰陽屬性特質還是有一些共識，可供台灣的愛好者參考。例如,：Bourgogne 葡萄酒 Volnay、Meursault 與 Chambolle-Musigny 趨向陰性，其他比較陽性的葡萄酒有 Fixin、Chassagne-Montrachet、Aloxe-Corton。大部分較高級的 Bordeaux 酒都偏陽性，例如 Fronsac、Canon-Fronsac、Pauillac、Pessac-Léognan、Saint-Estèphe，其他如 Margaux 和有些 Saint-Emilion 則較偏陰性。

表 3-1 是用葡萄酒陰陽屬性的歸類法來看法國葡萄酒產區，可以做為讀者探索的起點，但並非詳細的列表。

大家應該注意到那些致力釀造陽性葡萄酒的產區裡，酒莊可以在同一產區釀製非常陰性的葡萄酒，反之亦然。用不同的釀酒技術可以改變酒的陰陽屬性，例如把酒存放在橡木桶裡熟成就會變得比較陽性。最終，決定葡萄酒陰陽屬性區分的，應該是釀酒師的個性、個人品味、是否遵照傳統釀造法等因素。大家不應該認為女性釀酒師就一定釀造陰性的葡萄酒，男性釀酒師就一定釀造陽性的葡萄酒。我個人就認識兩位知名的女性釀酒師，她們釀造的葡萄酒非常陽剛，還有另一位頂尖男性釀酒師 Jasnières 則是釀製比較陰性的葡萄酒。

表 3-1　法國葡萄酒產區之陰陽屬性

偏陰性的葡萄酒	偏陽性的葡萄酒
Provence：Cassis	Provence：Bandol
Rhône：Saint-Joseph、Côte-Rôtie、Condrieu、Saint-Péray	Rhône：Hermitage、Cornas、Châteauneuf-du-Pape
其他：Champagne rosé（粉紅）、Alsace 區（Muscat 和 Gewürztraminer 葡萄）	西南區：Madiran、Irouléguy、Jurançon（甜）
Bordeaux：大部分的 Margaux 與一些 Saint-Emilion	Bordeaux：Canon-Fronsac、Fronsac、Graves（紅酒）、Pessac-Léognan、Saint-Estèphe（年輕的）
Bourgogne 8：大部分的 Volnay、Chambolle-Musigny、Bonnes-Mares、Beaune	Bourgogne：Fixin、一些Gevrey-Chambertin、Nuits-Saint-Georges（紅酒）與Chassagne-Montrachet
Beaujolais：Chiroubles、Fleurie	Beaujolais：Morgon、Juliénas、Moulin-à-Vent
Loire valley：Bonnezeaux、Anjou Coteaux-de-la-Loire（白酒）、Cabernet d'Anjou、 Cabernet de Saumur	Loire valley：Savennières、Jasnières、Quarts-de-Chaume、Coteaux-du-Layon Saint-Lambert-du-Lattay

---

7 衷心感謝 A. Ségelle 的評論。
8 英文的 Burgundy 來自法文的 Bourgogne。

進入下一個區分葡萄酒陰陽屬性的階段，是如何跟食物搭配，每樣食物本身也有其陰陽屬性的分別，請參考以下基本的搭配組合。

表 3-2 僅單向舉例陽性菜餚搭配不同屬性葡萄酒的效果，當然這個理論也適用於陰性菜餚與葡萄酒的搭配。再者，讓讀者有更多空間發揮其他組合的想像力，及挑戰搭配一頓飯中不同菜色與葡萄酒的可能性。當然，如果加入中國傳統四季食膳養生與陰陽之間的關聯，其組合搭配則有無窮的可能性了。

表 3-2　陽性菜餚搭配不同屬性葡萄酒的效果

			想要達到的結果
陽性葡萄酒	搭配	陽性菜餚	取得葡萄酒與菜餚力度的平衡。經典搭配：四川菜搭配 Bandol 產區紅葡萄酒。
陰性葡萄酒	平衡	陽性菜餚（先吃菜後品酒，避免菜色蓋過葡萄酒）	透過對比的效果去調和菜餚的陽剛性，可以協助品嚐者在吃完辛辣食物後，緩和味蕾上的刺激。另一個降低陽性菜餚影響品酒的方法是在享用美食與品酒之間喝一杯熱綠茶，這樣就可以考慮偏陰性的酒，例如 Chiroubles。
偏陽剛的陰性葡萄酒	搭配	陽性菜餚	相同的四川菜但是搭配 Condrieu 葡萄酒，在中國的哲理中代表剛中帶柔。

3.4 五行的觀念和葡萄酒

以現在台灣大部分人的生活型態來看，已經很少能夠把中國傳統五行的觀念融入日常飲食生活中了，無非是因為更多的人湧向都市工作，生活節奏忙碌，沒有閒暇依照古人五行的理論來烹飪。我提出加入五行的觀念來搭配法國酒與中式菜餚，並不是想要比中國人更像中國人，我對五行這個主題不是專家，但是我發現連結中國傳統文化與現代西方現象是非常有趣的嘗試。讀者可以在做葡萄酒與菜餚搭配組合時納入以上的想法，發揮更多具有獨特東方文化創意的領域。

五行對華人讀者並不陌生，金木水火土和傳統的五味、五個季節相生相剋，列於表 3-3。

表 3-3 五行與五味及季節的對應

木	酸	春（陰）
火	苦	夏（陽）
土	甘	長夏
金	辛	秋（陽）
水	鹹	冬（陰）

從法國葡萄酒的角度來看，表 3-3 中的五種味覺都代表正面的特質。首先「木」的香氣常存在於紅酒與白酒中，粉紅酒則少見，因為釀酒師把葡萄酒存放在木桶中熟成。美國酒評家派克（Robert Parker）與他的信徒特別重視木質香氣（請參考 Mondovino 的紀錄影片），導致木質香氣被過度強調，反而掩蓋其他重要的細微香氣，這其實危害葡萄酒本身豐富多變化的特質。另外一些令人惋惜的做法，例如澳洲某些釀酒師會在酒桶或發酵大桶裡放置橡木碎片，以快速加強葡萄酒中的木頭風味，有時這類手法會使酒產生令人噁心的香草味。正確的釀酒法則是藉由某些品種的葡萄（Cabernet Sauvignon、Tannat 等），在釀酒過程中自然發展出具有樹木的香氣，如雪松、橡木、洋槐等。

「酸」是所有葡萄酒中非常重要的味道，包括最高級的葡萄酒在內。事實上，四個基本味道酸、甜、鹹和苦構成葡萄酒的架構。葡萄酒品質優劣的差別，由酒體架構中四種味道所占的份量比率來決定。首先，葡萄本來就具有酸度，不同品種的葡萄所含的酸度比例不同，加上天氣因素的影響、葡萄園的日曬程度與釀酒師的專業技術，都會影響葡萄酒酸度的比例。一般來說白葡萄酒中的酸度比較高，來自法國北部如 Champagne、Alsace、Loire、Jura、Chablis、Sancerre、Quincy、Reuilly 的白葡萄酒都具有很明顯的酸度。其他白葡萄酒，例如西南區的 Bordeaux、Graves、Irouléguy、Gaillac 等等也都具有「酸」

的特性。如果在釀酒過程中控制得宜，白酒的酸度會帶來清新宜人的口感，而且會散發青蘋果、葡萄柚等水果的香氣。

在台灣悶熱的春夏季品飲白葡萄酒是非常愉悅的。法國最有名的一些白酒（Graves 產區的 grand cru classé、Sancerre，Alsace 產區 grand cru Riesling 等等）就是用如 Sauvignon Blanc 或 Riesling 葡萄所釀製，屬酸度較高的酒。紅酒與粉紅酒也具有酸度，適當的酸度代表酒體平衡，是優點。廣義來說，法國北部的紅酒與粉紅酒的酸度通常會高過南部出產的葡萄酒。很多台灣的愛好者對法國紅酒有著刻板的印象，對酒中的酸度甚為排斥，但別忘了最知名的 Bordeaux premier cru classé 葡萄酒（五大酒莊）就是在年輕時期的酸度非常高，才得以長久的保存與成熟。我個人的經驗了解台灣人對酸的敏感度高於一般法國人，不過要能夠熟知酸度的風味後，方可進一步完全欣賞高級的葡萄酒。

葡萄酒中「火」的元素通常與酒精的濃度及苦味有關聯。M. Coutier 如此定義葡萄酒中的酒精元素：「含量濃烈的酒精，酒精帶來的灼熱感」[9]。在葡萄酒專用字典中，「酒精感」的聯想是灼熱、燃燒、火辣、酒體濃厚、大方等等的形容詞，正符合五行中「火」元素的描述。葡萄酒所含的酒精度必須足夠才能夠感覺到火元素，有些來自 Rhône 產區的葡萄酒有強烈含「火」元素的特徵，具有「火」的風味，或者說是帶有灼熱感如黑胡椒、辛辣、燒焦木頭、烤過的麵包、煙燻

---

[9] Richesse alcoolique: sensation de chaleur donnée par la richesse alcoolique.

或烤肉、菸草、焦糖、瀝青、烘培的咖啡豆和可可豆。很多台灣葡萄酒愛好者認為酒精濃度是品質的重要指標，這個觀念其實大部分是錯誤的，如果葡萄酒的酒精蓋過葡萄酒的香氣，那酒精濃度是有問題的。有些高級酒並不需要很高的酒精濃度，不過需要有基本的酒精含量來維持葡萄酒令人興奮的香氣。

苦味通常與「火」元素聯想在一塊，所有的優質葡萄酒都會帶有苦味，包括甜酒也不例外。品酒時，通常大部分口感味覺的順序應該是：酸→鹹→甜→苦，但是最重要的是四種味覺比例的平衡，通常苦味較常見於紅葡萄酒。

跟「土」有關的香味比較少在葡萄酒語彙字典中提到，這些香味通常出現在某些特定的紅葡萄酒中，例如來自 Châteauneuf-du-Pape、Morgon，來自 Savoie 區的 Mondeuse 老藤，來自 Coteaux-du-Loir 與 Coteaux-du-Vendômois 產區的 Pineau d'Aunis 葡萄品種，來自 Jura 區的 Trousseau 葡萄品種和 Alsace 區 Ottrott Pinot Noir 葡萄品種，它們有土與腐植土的特殊味道。在所有的粉紅酒當中，來自 Jura 產區 Poulsard 葡萄品種有腐植土的味道，非常適合搭配很多中式菜餚。傳統的中國想法裡，通常甜味也與「土」聯想在一起，甜味存在於所有的葡萄酒中，如果在干白酒中有著自然的甜味，則代表是特別好的年份。葡萄酒裡天然的糖分會提高它的香氣與層次的變化。

法 國 葡 萄 酒 搭 配
台 灣 美 食 的 想 法

「金」的元素比較是個問題，在評定葡萄酒中被認定是負面的現象。葡萄酒帶有刺鼻的味道，品嚐起來感覺不佳，但並不代表酒本身就有瑕疵。刺鼻味帶來更多負面的評價：「酸掉的葡萄酒嚐起來會有令人厭惡、難受與刺鼻的口感，甚至在口腔後面有灼熱感。」[10]（M. Coutier, 2007）。

　　「水」用來形容葡萄酒的酒精含量過低，品嚐後口腔的感覺是淡而無味的。其他連帶負面的形容有：如稀釋過或被洗過似的感覺。鹹味在葡萄酒中的呈現都是淡淡的，通常比其他三種味道更難辨識出來，因此我們通常會先辨識鹹味，再去尋找木、火、土的元素。但是五行既然是彼此相生相剋互相影響，而且和四季、人體器官都連結，所以可以找尋把金和水元素融入酒和食物中的其他要素。我個人無法做到這一步，但這將是一個有趣的領域。

3.5　顧及面子、關係和人情的葡萄酒

　　不容置疑，「面子問題」是中國社交圈裡的首要重點，當受邀參加宴會時，應該送哪種葡萄酒才是給主人足夠的面子呢？在台灣與中國浮現的答案當然是「昂貴」的葡萄酒，但是，問題在於並不是每個人都負擔得起幾萬元台幣一瓶的法國知名葡萄酒。加上很多台灣人並不了解如何品嚐葡萄酒，開瓶時間常常不是太早、太晚，就是品酒時

---

[10] "âcre:（Vin）qui procure une sensation désagréable et piquante à l'odorat, irritante voire brûlante dans l'arrière-bouche.", p. 54.

溫度過高。我的意圖不是要設立規則，而是遇到需要贈送葡萄酒當禮物給主人時，提供一些其他的標準。

首先，如果宴客的目的是和某個特殊日期有關聯，例如生日、結婚紀念日、週年紀念日或者其他特別的日子，最容易的選擇就是送與該日期同年份的葡萄酒，這時要注意兩個重要的條件：

1. 好的年份。

2. 葡萄酒是否處於很好喝的狀態 [11]，通常年份越老的酒風險越高。

這兩個條件要分開來檢驗，一瓶年份非常好的酒，有可能已經太老了 [12]，錯過了最佳適飲期，或者因為存放的環境太差，好酒已經死了。假設你非常幸運或靠關係得到一瓶與你祖父生日同年份的酒，來自 Loire 區 1921 年的甜白酒，值得擔憂的是年份老的葡萄酒，其品質取決於上一任擁有者的保存方式，如果葡萄酒已經變質或死了，可能就不宜冒險做為祖父生日的壽禮來觸霉頭。如果你預算充裕，考慮另一款保存不錯且比較年輕的甜白酒，就可提高好喝的機率。還有一個選擇是挑選祖父一生中其他有意義的年份，例如：20 歲生日 1941 年，或是依據法國傳統慶祝人生重要階段的 40 歲，可選擇 Bourgogne 非常好的年份 1961 年，或者結婚週年紀念日、大學畢業的年份等等。如果真的尋找不到好的年份，也可以變通一下用中國人虛歲的算法，如1958 年出生的人會很樂意品嚐 1959 年的 Pommard premier cru。

如果是慶祝結婚週年，基於市面上葡萄酒數量狀況，有三種可行的做法：其一，送一瓶與結婚年份相同的葡萄酒。其二，贈送兩瓶分別是兩位主人出生年份的葡萄酒。其三，如果年份不易尋獲，可另行挑選對兩位主人有意義的年份，如他們相遇的年份、蜜月之年、小孩出生的年份、購買第一棟房子的年份等等。

另外，和日期沒有關係的標準，則可以挑選與主人特質雷同的葡萄酒，例如幽默、獨特性、才藝、興趣、喜好等特質。可以參考表 3-4 的建議。

法國葡萄酒款項豐富，用些想像力和敏感度，很容易做足面子贈送給主人。社會學家指出物件（objects）是我們與世界的重要媒介，換句話說，一瓶葡萄酒代表了贈送者的個性和他想與受贈者如何發展未來的關係。一瓶很貴的酒雖然可以代表贈送者的心意，但是金錢不應該是衡量禮物的唯一標準，用心尋找其他送禮所傳達的訊息，可以顯示出送禮者獨特的風格和細緻的文化氣息。

3.6 傳統八道菜以上的餐宴如何搭配多款葡萄酒？

無論在台灣或中國，在節慶和特別的日子，表達「豐富」的儀式是很重要的。傳統的重要餐宴至少都有八到十二道菜餚，但是如何搭配好幾款不同的葡萄酒呢？首先，不管是在餐廳或家中用餐，一定要

---

[11] 網路上有許多網站刊登最新葡萄酒年份資料與試飲的年份。建議多參考不同的網站，因為葡萄酒適飲年份是比較主觀的看法。

[12] 購買時若發現酒瓶內液體表面已下降到瓶子肩部，就代表這瓶酒已經太老了。

表 3-4　不同個人特質的選酒建議

主人	適合的葡萄酒	兩者的關係
熱中爬山	Savoie、Jura、Madiran 等等。	法國產好酒的山區。
愛好歷史	任何 1987 或 1945 年份的酒。	台灣戒嚴令解除或第二次世界大戰結束的年份。
有好廚藝	任何一瓶好年份的葡萄酒。	適合搭配他（她）最喜愛的一道菜。
擅長插花藝術	任何葡萄酒。	酒香與他（她）最喜愛的花香相似或酒的色澤搭配得上花的顏色。
穿著優雅的女士	任何一款葡萄酒符合右邊優雅葡萄酒的定義，例如：Coulée-de-Serrant、Cuvée Ambre（Château de Putille），或者任何葡萄酒色適合搭配她最喜愛穿著的顏色。	優雅（M. Coutier, 2007）形容「葡萄酒精緻、和諧的特質」13。Coulée-de-Serrant 穿著典雅者、Cuvée Ambre（Château de Putille）穿著獨特者。
熱愛運動	來自法國西南部或 Rhône 產區的葡萄酒。	陽剛（M. Coutier, 2007）形容「陽性葡萄酒口感活力十足又結實，因為它的酒體含有濃的酒精與高單寧」。

法國葡萄酒搭配
台灣美食的想法

文化愛好者	任何 grand cru 葡萄酒和可以繼續存放很久的酒，例如：有名的 Bordeaux cru。	細緻和有深度的香氣適合和朋友談論人生知性話題。因為這些酒越老越醇，就如同一句諺語：Wisdom comes with age。
愛好自然、散步、園藝者	Bourgogne（Chardonnay葡萄）和Condrieu（Viognier葡萄）產區有白花香味的葡萄酒、Bourgogne區（Pinot Noir葡萄）有紅玫瑰香味的葡萄酒、Alsace產區grand cru vendanges tardives和sélection de grains nobles（Gewürztraminer葡萄）有金黃芒果、荔枝、鳳梨香氣的酒、Marcillac區、Savoie區（Mondeuse葡萄）有桑葚味的酒。	很多選擇，因為很多葡萄酒中都有水果、植物的香氣。
喜歡喝茶	1.Sancerre 區（Sauvignon葡萄）有青草的香味適合喜歡綠茶的人。 2.Cahors 區老的紅酒有些具有烏龍茶的香味。 3.Bordeaux、Rhône、Chinon、Bourgogne、Madiran、Languedoc 和 Roussillon 區老紅酒適合喜歡普洱茶和老茶的人。	茶和酒有很多相似之處，所以懂茶的人很容易了解葡萄酒的文化。

13 "élégant: qualifie un vin caractérisé par la finesse et l'harmonie", p. 176.

預先安排好上菜的順序。如果可能的話，盡量控制菜餚一道一道上，而不是所有的菜一起上桌，因為這樣主人才可以將酒菜搭配的順序控制得宜，發揮我在 3.1 節中所敘述的「風景」境界。

如果做不到一道一道上菜，可以把所有菜餚分成三或四組，搭配同一款酒的菜一起上桌，例如烹調清淡的雞肉、蝦仁和魚可以放在同一組，搭配同樣一款白酒；接著再上下一組的菜，搭配另一款酒，以此類推。而每次搭配的葡萄酒款可以設定不同的主題，例如有名的酒、台灣稀有的酒、同年份不同的酒款、同產區的酒、同樣葡萄品種的酒、同類型的酒、不同地質生長的葡萄所釀的酒等等。如此可以依據預算來決定品酒的主題，不一定要花費很多就可以享受到法國葡萄酒的豐富性。

最極致的例子當然可以一道菜搭配一款酒，這是非常具有挑戰性的做法，因為享用一道菜和一輪酒之後，味道留在嘴裡，酒精和糖分更會使我們的腦袋處於比較混沌的狀態，進而影響下一輪酒菜的品嚐效果。解決之道是在兩道菜之間喝一點茶或水，或者時間拉長一點，也就是上菜的速度慢一點。

法　國　葡　萄　酒　搭　配
台　灣　美　食　的　想　法

3.7　氣氛熱鬧的節慶要喝什麼酒？

最適合熱鬧節慶氣氛的酒是氣泡酒，香檳酒是最佳的代表，在法國它是歡樂和慶祝不可少的最佳配角。我們會在一頓餐宴中安排喝好幾種不同款的香檳，從干（extra-brut）到甜（doux），唯一的問題是費用不便宜。還好在法國有很多其他的氣泡酒，價位比香檳便宜，品質也很好。在熱鬧的氣氛中，開一瓶氣泡酒，發出「啵」的一聲，有如放鞭炮般的熱鬧繽紛，接著倒入酒杯中，不停往上冒的氣泡可愛又淘氣，讓人聯想到小朋友愛喝的汽水，氣泡酒真是熱鬧場合的精靈。[14]

3.8　葡萄酒如何加入平日簡單的餐點中？

這一節是鼓勵大家打破既定的社會規範，發展出自由自在的喝酒態度。在台灣，品酒的觀念是只在正式餐宴上搭配精緻的佳餚，我以法國人的立場反對這種刻板想法，雖然法國人在正式餐宴上以葡萄酒代替啤酒，但是在吃日常簡單的家常菜時，也常常會開瓶好酒來搭配。在台灣，常常可以吃到各式簡單的小吃，如蘿蔔糕、客家小炒、涼拌海帶等等，這些小菜雖然簡單但是獨具風味，值得配上一杯好酒。這不是台灣人的習慣，所以更值得嘗試看看。

[14] 在正式場合中，開香檳一般是不能有任何聲音的。

4 —
酒菜搭配須知

在我看來，台灣美食者有一個絕對的優勢，就是沒有累積了好幾世紀的傳統品酒文化包袱，可以在自訂任何預算的狀況下，隨心所欲做各種酒菜搭配的探索。

菜餚的味道和口感會因每位主廚的風格和手藝而改變，所以我在本書中將我們嚐過的菜餚，註明風味及口感，讀者可以依據主廚的做菜風格，嘗試不同的配酒選擇。當然，我們嚐過的菜餚不可能包含一個菜系所有的菜色，但是，拋磚引玉，期待各位將本書的餐酒搭配建議當成展開探索美食之旅的基礎。基於地緣的關係，選擇的餐廳大部分都在台中，請讀者在自己居住的城市選擇類似的餐廳做練習吧！

　　有時我特別說明一款酒的葡萄品種，是因為同一產區也會釀製不同葡萄品種的白酒，若不說明，讀者容易混淆。例如，Alsace 產區生產六種不同葡萄品種的白酒，除非酒標上說明葡萄品種，否則難以分辨。接下來，當我提到 Alsace 區的 Sylvaner，如果後面沒有標明等級，那就是一般的等級，而非特定區域的酒。至於用 Muscat 葡萄品種釀的酒比較特別，通常酒標上酒的名字就會出現 Muscat，例如 Muscat de Saint-Jean-de-Minervois，而其他葡萄品種釀的酒，大部分酒標上不會出現葡萄品種（Alsace 區例外）。

　　有時我會在一款酒後面注明「干」，是因為在某些地區一種葡萄品種可以被釀成甜或干的兩款酒，例如 Jurançon 產區。法國葡萄酒用以下幾個字來標示甜的程度：

sec（干）的定義是，一公升的酒含有 4 公克以下的糖。

demi-sec（半干或半甜）是，一公升的酒含有 4 到 12 公克的糖。

moelleux（甜）是，一公升的酒含有 12 到 45 公克的糖。

liquoreux（非常甜）是，一公升的酒含有 45 公克以上的糖。

　　一般來講，酒標上並不一定會特別區分 moelleux 和 liquoreux，所以我也持同樣的態度，偶爾有些酒標上會出現 doux 這個字，是廣泛指甜的酒，以上分類法只限於沒有氣泡的葡萄酒。

　　知名的產酒村莊，我就沒有標明它所屬的大產區以避免文字累贅，例如：Chambolle-Musigny；相對的，如果比較不知名的葡萄園，我會寫得比較詳細，例如：Savoie 區的 Apremont 葡萄園。

　　有些酒名是以法國的一個地區為名，例如 Vin du Béarn。但是多半的酒除了地區名，我會更詳細說明酒來自什麼村莊、什麼葡萄園，例如：Coteaux-du-Layon（萊陽丘地區）Saint-Lambert-du-Lattay（村莊）。

　　酒標上法文標示品質和做法的字我保留原文，沒有翻譯：例如 premier cru、grand cru、vendanges tardives、sélection de grains nobles、vieilles vignes。Cru 這個字的意思是葡萄出自一個大產區裡的一塊小葡萄園，因為風土條件特別好，所產的酒在整個大產區裡特別優良，中文可翻譯為：優良、上品等等，有一點像蓋了正字標記。在 Champagne 和 Bourgogne 的葡萄酒產區，風土最好的地區所釀的酒，法文的標示是 grand cru，比如說 Bonnes-Mares grand cru。下一個等級是 premier cru，例如 Pommard premier cru，指的是 Pommard 這個產酒村莊所生產的一級葡萄酒。如果酒標上只寫 Pommard，指的是 Pommard 這個產酒村莊所生產的村莊級酒款，它的品質是比 Pommard premier cru 低一級的酒。

酒 菜 搭 配 須 知

　　在 Alsace 區比較特別，除了一般的酒，只有 grand cru 這個分類，沒有 premier cru 等級。大家都知道 Bordeaux 產區是世界上最有名的紅酒產區，酒類分級制度複雜，因為有很多酒莊，而且每個地區都有自己的一套分級制度。在 1855 年，波爾多梅多克（Bordeaux Médoc）和貝沙克－雷奧良（Pessac-Léognan）兩個產區所有酒莊的釀酒家決定把他們的酒分成五個等級，統稱為列級酒莊，分級由高至低如下排列：

　　第 1 級 Premier cru classé（5 家酒莊，其中 4 家來自 Médoc 產區，1 家來自 Pessac-Léognan）

　　第 2 級 Deuxième cru classé（15 家酒莊）

　　第 3 級 Troisième cru classé（14 家酒莊）

　　第 4 級 Quatrième cru classé（10 家酒莊）

　　第 5 級 Cinquième cru classé（18 家酒莊）

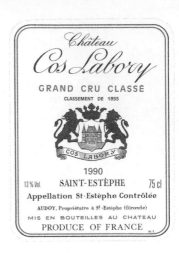

Graves 產區的紅酒有 1 家 Premier grand cru classé、12 家 cru classé 紅酒，而且有 10 家 cru classé 干白酒。

Bordeaux 的甜白酒，最有名的是 Sauternes 產區，從高到低排序為：1 家 Premier cru supérieur、11 家 Premier cru、14 家 Deuxième cru。

在 Bordeaux 有另一個地區 Saint-Emilion 紅酒，它的分級為第一級 Premier grand cru classé（共有 18 家，其中有 4 家在 2012 年特別被 INAO 加上 A 級的榮譽），和第二級 Grand cru classé（64 家）。

在法國其他產酒地區沒有 cru 的分類，並不是代表這些地區的酒不好，只是因為釀酒的歷史文化不同。例如 Château Pétrus 是世界上最好的酒之一，但他們不用 cru 做酒的分級，因為它產於沒有將酒做分級習慣的 Pomerol 地區（在 Bordeaux 右岸）。在另一個地區 Beaujolais，常常會聽到人家說 Beaujolais 的十種 cru，這是指 Beaujolais

酒 菜 搭 配 須 知

十個最好的村莊，但非官方的分級，所以不能在酒標上寫 cru 這個字。

Vendanges tardives：大部分是甜白酒，是等葡萄較成熟時才採收的，一般稱「晚採收」。

Sélection de grains nobles：非常甜的酒，葡萄是由人工逐粒採收，這些葡萄上有一種黴菌會促使葡萄汁裡的水分蒸發，結果糖分和香味集中，稱為「貴腐」。以上兩種釀酒的做法可以在 Alsace 區的酒標上看到。

在酒標上看到 vieilles vignes（老藤）這個字是代表保證產地和品質都在水準以上，是 A.O.C.[1] 的分類標準之一，通常在法國老藤的標準是四十年以上。用老藤葡萄釀的酒可以保存比較久，味道也較濃烈，所以懂酒的人特別喜歡找這種酒，但是價格當然比較昂貴。

在學習酒菜搭配時，很重要的一點是要了解，一瓶高級的葡萄酒

是可以搭配一道極普通的菜的，條件是酒的香味和架構與所搭配的菜有極好的互動，可以相得益彰，彼此加分。一道菜或一款酒是否有名氣是由社會集體來決定，但是酒菜之間的搭配我覺得大部分是由個人來決定。當然，如果你顧及重要客人的面子問題，而決定依據社會大眾的觀感來選酒配菜，那就犧牲個人主義。很多品酒專家特別是法國人，如果看到我用 Bordeaux 的高級酒和 Bordeaux 很普通的酒來搭配同一道菜時，一定會驚訝得不敢認同。在我看來，台灣美食者有一個絕對的優勢，就是沒有累積了好幾世紀的傳統品酒文化包袱，可以在任何自訂預算的狀況下，隨心所欲做各種酒菜搭配的探索。我和台灣只認名牌酒款的消費者是屬於不同世界的人，但是根據我教授品酒的經驗，台灣有極多數的女性和新美食主義者，正朝向更加開放、多元化的酒食文化邁進。

讀者應該要非常重視每種酒年份優劣的資訊，大部分都可以上網查詢，記得多找幾份參考資料，以免被商家牽著鼻子走。

讀者在本書中看到我推薦一款酒的後面寫「和它的 crus」，是代表「les premiers crus 和 les grands crus」。所謂「Premier cru 和 grand cru」，除了 Bordeaux 產區的酒之外，法國其他產區的酒只要酒標上看到 grand cru，就是在它的產區裡最好的酒（Champagne、Bourgogne、Chablis、Banyuls 和 Alsace），premier cru 是下一個等級（除了 Alsace

和 Banyuls 產區，因為該區只有 grand cru 和普通的酒）。例如若我在推薦的酒後面寫「Pinot Gris Alsace 和 grand cru」，意思是「Alsace 區 Pinot Gris 葡萄釀的普通酒款和 Pinot Gris 葡萄釀的最高級酒款」，它們是兩個不同等級的酒。

在台灣找到我推薦的酒的難易度是用幾個字母和符號來表示：

C+：可以在很多商家買到

C-：只能在特定商家買到

R：只能在特定商家買到，但是得碰運氣，常缺貨

TR：很稀有

標明 TR 的酒，我可能偶爾在台灣看過一、兩次或從來沒有看過。有機會可以要求您的供應商進口這款酒。我盡量在每道菜的後面都至少推薦一款在台灣容易買到的酒，以滿足心急的美食家，但是和世界其他葡萄酒消費國家日本、美國、德國、英國等相比，台灣葡萄酒進口商並沒有提供比較多元化的酒款選擇。至於對葡萄酒迷和好奇的饕客們，我所推薦的稀有酒款可供您增加對葡萄酒的認識。

法國香檳酒的製作非常特別，釀酒過程中，把瓶裡的沉澱物取出後，再加入混合了糖和原酒的甜酒（除了 brut nature），一瓶 0.75 公升的酒加入大概 10 毫升的量。因此在香檳酒瓶的酒標上會看到標示它甜或干的程度：

Brut nature/ non dosé / zéro degré/ extra-brut：以上四種標示都是指完全沒有加甜酒

Brut：很干或不甜

Demi-sec：有點甜

Doux：比較甜

Champagne Blanc de Blancs：完全採用 Chardonnay 葡萄釀製的，通常是非常細緻的香檳。

Champagne Blanc de Noirs：完全採用黑色葡萄（Pinot Noir 和 Pinot Meunier）釀製的，通常是比較濃的香檳。

最好的香檳酒是 grand cru、有年份的香檳，一般來說氣泡酒品質優劣的排列順序如下：champagne、crémant、méthode champenoise、mousseux、pétillant，好品質的 clairette 氣泡酒有可能達到 méthode champenoise 的水準，甚至到 crémant 級的品質。

酒 菜 搭 配 須 知

　　在酒款推薦中我如果特別說明某款酒的年份，就是我覺得其他年份的這款酒不夠好。很可惜的是在台灣 1995 年份以前的各款酒都很難買到。

　　雖然一般來說，醋、檸檬、蛋和堅果類的料理比較不容易搭配葡萄酒，但在本書中，仍有一些菜有以上幾種材料，因為在各種菜系中很容易吃到含有這些材料的菜，所以我將其視為一種挑戰，選擇了幾種還能搭配的酒。

　　在讀者閱讀後面酒菜搭配之前，我必須誠實的告訴各位我自己比較喜歡的葡萄酒，這樣才知道我選擇的觀點。很多專家完全不解釋自己主觀的看法，可能是害怕被批評或有負面的影響。我的想法是應該不要擔心承認個人的喜好，因為絕對不可能存在一種完全客觀的態度。

　　對我來說，葡萄酒香味和架構的多元性是非常重要的，我不喜

歡酒沒有自己的特色，利用在木桶裡存放過多的時間，或是使用其他的技術，讓酒喝起來都是一樣的味道，這絕對不是正確的方向。我可以理解酒莊賺取利潤也很重要，所以某些酒莊偏好使用 Bordeaux 的 Cabernets 和 Rhône 的 Syrah 等有名的葡萄品種來釀酒。但我特別推崇酒莊完全採用當地的葡萄品種，釀製出有地域特色的酒，雖然可能味道不特別濃烈，香味也不特別濃郁。

對我來說，品質並沒有完全客觀的定義，酒的品質有很多不同的表現方式，這些對品酒家來說都有不同的特別意義。例如，中飯時間遇到一個朋友，兩人小酌兩杯，那我寧願喝一瓶 Cot 葡萄釀的 Cheverny，而不是有名的 Bourgogne，因為我們並沒有那麼多的時間來欣賞這瓶名酒。同樣的意思，跟某些朋友只需要共享一瓶簡單的酒就很快樂了，如果你請不懂得品酒的人喝很高級的酒，反而可能讓他們坐立不安。我的父親不懂得區分 Bordeaux 和 Bordeaux Premier cru classé，記得當我和弟弟給他喝較高級的酒時，他覺得喝酒不需要浪費那麼多錢。酒的品質並不只是靠風土、釀酒師和年份來定義而已，也取決於保存酒的方式、品酒當下的環境、品酒方式以及個人的飲食文化和歷史。例如，我個人的飲食習慣是對香菜過敏，且對烹飪過的魚沒有興趣。

對我來說，葡萄酒的香味和細緻度的重要性遠大於酒精濃度。由

酒 菜 搭 配 須 知

於我的祖先來自 Alsace，後來移居至 Champagne 區，最後搬到我的出生地 Loire 河谷，所以對於某些酒我有特別的情感。我對 Jura 的酒也有特別的感情，因為在青少年時期，我曾在那裡度過好多個暑假。

我在 1976 到 1978 年，第一次來台灣，當時很多本地人問我關於品酒的問題，而我對酒完全不了解，不知道該如何回答，因此感覺有點丟臉，所以回到法國後，便去找一位當兵時認識的好朋友 François Fresneau，他是 Jasnières 地區最好的釀酒家。從那個時候開始，只要我有品酒方面的疑問就會去詢問他，他給我很大的幫助。

幾年後，我決定跟隨 A. Ségelle 學習品酒，他曾在法國全國品酒比賽中拿過第一名，他讓我了解到各種好酒的味道。最後我將我的弟

弟 Philippe 帶入葡萄酒的世界，現在他是我家鄉很有名氣的葡萄酒專家，目前我也靠他來更新我對酒的資訊。

我常被學生問到有關法國以外國家葡萄酒的問題，但我對它們的了解不夠專業，不能開班授課。但是根據我多年來品嚐義大利、西班牙、德國、瑞士及其他歐洲國家葡萄酒的經驗，只要他們不是嘗試模仿法國的葡萄酒，而呈現自己釀酒的特色，我都能欣賞。新世界其他的國家，像是美國、南非、澳洲、紐西蘭、阿根廷、智利等，他們的做法一般來說趨向保守，我也不太欣賞他們釀酒的觀念：極重視少數特定的葡萄品種，而且大部分忽視「風土」和「文化」的影響。由於上述理由，就不難了解我喜歡的酒包括加州的 Zinfandel 酒、新疆的酒，以及南非的 Constantia 了。

最後，由於我在台灣居住已經四十多年了，受到台灣人的熏陶，對於品茗的藝術，我培養出極大的興趣，對我來說，品酒和品茗是兩種平行、極類似的觀念，這使我深信品葡萄酒的文化在台灣會漸入佳境。

閩南菜

閩南菜口味豐富，第一個特點是菜的風格樸實單純，只有一或兩種味道，這種菜要搭配簡單的葡萄酒，例如 Beaujolais、Touraine 的基本酒款；至於比較精緻複雜的菜餚，可以搭配高級的白酒。另外一個特色是口味很重，這些菜要搭粉紅酒或紅酒。但是油很多的菜餚，像用油炸的菜，比較適合搭配啤酒。

我對閩南菜的興趣是可以在路邊或夜市攤販不拘小節的大快朵頤一頓。我常常在發呆時想像肩上背著一個冰桶，裡面放著兩瓶酒，手上拿著一隻酒杯，和三五好友相約，坐在小攤販旁，一邊吃著一碟豬耳朵或燻鵝，同時高聲討論這盤小菜搭不搭今天的酒，在市井小民來來往往的地方放鬆心情說東道西，吃完一攤再換一攤。實現這樣一個簡單的夢想，絕對會更增加台灣飲食的魅力，各式各樣台灣小吃的香味和口感是那麼的豐富多變，可以選擇搭配的葡萄酒實在很多。可搭配的酒裡，白葡萄酒還是占最高的比例，也容易搭配紅酒和粉紅酒，例如，Rhône、法國西南部和 Provence 產區的紅酒和粉紅酒都非常適合。這不令人驚訝，因為都是氣候炎熱的地方生產的酒。

另外，有些重口味的菜，就如同某些口味很重的客家菜一樣，都可以搭配風味很成熟的 Coteaux-du-Loir 區 Pineau d'Aunis 葡萄釀製的紅酒和粉紅酒，或是 Jura 區 Poulsard 葡萄釀製的紅酒

或粉紅酒。甜酒和氣泡酒很配甜點，如Champagne區、Loire區的Crémant，Jura區和Alsace區的Crémant和南部的Clairette、Savoie區的Mousseux，都很合適，因為麵粉類的食物在口中會阻礙葡萄酒的香氣，所以像太陽餅和牛舌餅之類的甜點，要搭配氣泡酒或甜酒中比較酸的來平衡。

🍴 烤烏魚子

材料：烏魚子、青蒜、白蘿蔔

調味：用以下的酒做調味

口感與風味：烏魚子特殊的日曬後鮮甜及鹹香，口感軟中又帶有彈性

適合的葡萄酒：精緻有個性的白酒

選擇：

Puligny-Montrachet 和 premier cru B (C+), Alsace 區 Pinot Gris grand cru B (C-)

Savennières B (R), Savennières La-Roche-aux-Moines B (TR), Jasnières B (R), Condrieu B (R), Côtes-du-Jura 區 Savagnin 葡萄 B (TR), Champagne grand cru 和 premier cru 有最多 Pinot Noir 葡萄 B+E (C+), Champagne Blanc de Blancs extra-brut (R) 和 brut B+E (C+), Champagne Blanc de Noirs brut B+E (C+), Champagne Blanc de Noirs grand cru brut B+E (C-), Champagne brut 和 extra-brut B+E (C+), Muscadet de Sèvre-et-Maine B (R), Quincy B (TR), Savoie 區 Roussette B (TR), Chignin B (TR), Coulée-de-Serrant B (TR), Crémant du Jura Ré (R), Montrachet grand cru (C+), Saint-Aubin B (C+), Sancerre B (R), Alsace 區 Riesling 葡萄 和 grand cru B (C+), Sancerre Ré (TR), Coteaux-du-Loir 區 Pineau d'Aunis 葡萄 Ré (R), Bellet Ré (TR), Champagne Ré+E (C-), Marcillac Ré (TR)

⚫ 三杯雞

材料：雞肉、蒜頭、九層塔

調味：醬油、糖、酒、水、黑麻油

口感與風味：九層塔及蒜頭的辛香味，非常香

適合的葡萄酒：很有香味的白酒

閩南菜

選擇：

**Corton-Charlemagne grand cru B (C+),
Coulée-de-Serrant B (TR)**

Savennières B (R), Savennières La-Roche-
aux-Moines B (TR), Jasnières B (R),
Condrieu B (R), Meursault B (C+), Saint-
Romain B (R), Alsace區Heiligenstein
區Klevner葡萄B (TR), Côtes-du-Jura
區Savagnin葡萄B (TR), Vin Jaune B
(R), Château-Châlon B (TR), Corton
Clos-du-Roi grand cru R (C-), Corton-
Vergennes grand cru R (C-), Coteaux-du-
Languedoc B (C-), Côtes-du-Roussillon
B (R), Daumas-Gassac B (TR), Crozes-
Hermitage B (C-), Châteauneuf-du-Pape B
(R), Château-Grillet B (TR), Champagne
grand cru和premier cru有最多Pinot Noir
葡萄B+E (C+), Champagne Blanc de
Blancs extra-brut (R)和brut B+E (C+),
Champagne Blanc de Noirs brut B+E (C+),
Champagne Blanc de Noirs grand cru brut
B+E (C-), Champagne brut和extra-brut
B+E (C+), Muscadet de Sèvre-et-Maine B
(R)

清蒸螃蟹

材料：紅蟳螃蟹

調味：米酒、蔥、薑、白醋

口感與風味：海味鮮甜、口感細
緻

適合的葡萄酒：細緻的干白酒、

高級的氣泡酒

選擇：

**Chablis (C+), Champagne Blancs de
Blancs grand cru brut B+E (C+)**

Jasnières B (R), Sancerre B (R), Quincy
B (TR), Reuilly B (TR), Pouilly-Fumé B
(TR), Coteaux-du-Loir B (R), Bourgogne
B (C+), Meursault B (C+), Saint-Romain
B (R), Puligny-Montrachet和premier cru
B (C+), Alsace區Pinot Gris葡萄和grand
cru B (C+), Alsace區Sylvaner葡萄B
(TR), Chignin-Bergeron B (TR), Côtes-
du-Rhône B (C-), Crémant du Jura B+E
(R), l'Etoile B (TR), Crémant de Loire
B+E (R)

滷豬腳

材料：豬腳、蔥、蒜

調味：醬油、酒、冰糖、八角、
五香粉、水

口感與風味：豬腳軟中帶有彈
性，醬油香

適合的葡萄酒：有一點酸的白酒
和粉紅酒、味道淡或是有發酵香
味的紅酒

選擇：

Jasnières B (R), Sancerre B (R)
Cheverny Ré (TR), Touraine Ré (R), Coteaux-du-Vendômois Ré (TR), Rosé de Loire Ré (R), Sancerre Ré (TR), Côtes-de-Toul Ré (TR), Touraine B (C-), Coteaux-du-Loir B (R), Muscadet de Sèvre-et-Maine B (R), Quincy B (TR), Savoie 區 Roussette B (TR), Chignin B (TR), Beaujolais-Villages R (C-), Chiroubles R (TR), Touraine 區 Gamay 葡萄 R (R), Alsace 區 Ottrott 村莊 Pinot Noir R (TR), Côtes-du-Jura 區 Poulsard 葡萄 Ré (TR), Savoie 區 Mondeuse 老藤 vieilles vignes R (TR), Marcillac R (TR)

二 樹子蒸魚

材料：鱸魚、冬瓜、蔥絲、紅辣椒

調味：醃漬樹子、醬油、酒、油、水

口感與風味：淡淡的醬油甜香與蔥絲油淋後清爽的爆香味，甜甜鹹鹹的魚肉，尾韻有一點冬瓜的苦味

適合的葡萄酒：細緻有香味的白酒、很干的粉紅氣泡酒

選擇：

Alsace 區 Pinot Gris 葡萄和 grand cru B(C-), Champagne extra-brut Ré+E (TR) 到 brut Ré+E (C-)
Coulée-de-Serrant B (TR), Crémant de Bourgogne Ré+E (R), Crémant du Jura Ré+E (R), Montrachet grand cru (C+), Saint-Aubin B (C+), Puligny-Montrachet 和 premier cru B (C+), Rully B (C-), Pouilly-Fuissé B (C-), Champagne Blanc de Blancs extra-brut B+E (C-) 到 brut (C+) 和 grand cru B+E (C+)

炒蔭豉蚵

材料：生蚵、大蒜、青蒜、紅辣椒

調味：蔭豉、醬油、酒、糖、香油、白胡椒粉、太白粉少許、水

口感與風味：柔軟滑溜的海味青蚵有著發酵的醬鹹香，尾韻飄著一絲辣

適合的葡萄酒：味道中間至濃的白酒、淡的紅酒、粉紅酒

選擇：

Bandol B (TR), Brouilly R (R)
Cassis B (TR), Bellet B (TR), Côtes-de-

Provence B 和 Ré (C-), Gaillac B (R), Bergerac B (C-), Graves 和 grand cru B (C+), Côtes-de-Duras B (C-), Champagne extra-brut B+E (R) 到 brut B+E (C+), Alsace 區 Riesling 葡萄和 grand cru B (C+), Savennières B (R), Jasnières B (R), Marsannay Ré (TR), Beaujolais-Villages R (C-), Muscadet 和 Muscadet de Sèvre-et-Maine B (R)

〓〓 煙燻鵝肉

材料：鵝肉

調味：水、煙燻、鹽

口感與風味：鵝肉的柔彈鮮甜中飄散出些微煙燻的香味

適合的葡萄酒：很濃的白酒和粉紅酒、味道中間的紅酒

選擇：

Vosne-Romanée R (C+), Champagne Ré+E (C+)
Coteaux-du-Loir 區 Pineau d'Aunis 葡萄 R (TR) 和 Ré (R), Côtes-de-Bourg R (C-), Saint-Emilion 和 crus R (C+), Côtes-de-Castillon B (R), Fronton R (R), Cahors R (C-), Côtes-de-Duras R (C-), Marcillac R 和 Ré (TR), Madiran R (R), Chinon R (C-), Bourgueil R (TR), Saumur-Champigny R (C-), Côtes-du-Rhône B (C-), Vin Jaune B (R), l'Etoile B (TR), Beaune R (C+),

Bourgogne-Hautes-Côtes-de-Nuits R (C-), Nuits-Saint-Georges R (C-), Gevrey-Chambertin R 和 premier cru (C+), Fixin R (C-)

鹽水鵝肉

材料：鵝肉

調味：水、鹽

口感與風味：鵝肉的柔彈鮮甜香

適合的葡萄酒：偏酸的好白酒

選擇：

Coteaux-du-Loir B (R), Pouilly-Fumé B (C-)
Touraine B (C-), Gaillac B (R), Bergerac B (C-), Muscadet de Sèvre-et-Maine B (R), Quincy B (TR), Savoie 區 Roussette B (TR), Chignin B (TR), Vin jaune B (R), Jurançon 干白酒 B (TR), Pacherenc-du-Vic-Bilh 干白酒 B (TR), Hermitage B (R), Crozes-Hermitage B (C-), Condrieu B (R), Chablis 和 Chablis crus B (C-), Côtes-du-Roussillon B (R), Sancerre B (R), Bourgogne B (C+), Mâcon B (C+), Bourgogne-Côte-Chalonnaise B (C-)

〓〓 小魚乾炒山蘇

材料：小魚乾、山蘇

調味：水、豆豉、鹽

口感與風味：柔綠山蘇和發酵的魚的鹹香風味

適合的葡萄酒：香味豐富的白酒、濃的白酒、濃的粉紅酒

選擇：

Graves B (C+), Côtes-de-Provence Ré (C+)
Bandol B (TR), Cassis B (TR), Patrimonio B 和 Ré (TR), Bergerac B (C-), Coteaux-du-Languedoc B (C-), Faugères Ré (R), Collioure Ré (TR), Côtes-du-Roussillon B (C-), Tavel Ré (C-), Sancerre Ré (TR), Coteaux-du-Loir 區 Pineau d'Aunis 葡萄 Ré (R), Bellet Ré (TR), Champagne Ré+E (C-), Marcillac Ré (TR), Gaillac B (R)

 ## 烤香腸

材料：不含酒的台式香腸

調味：無

口感與風味：豬肉混合辛香料的香味，外皮脆，裡面為絞肉的口感，尾韻微甜

適合的葡萄酒：淡的紅酒、粉紅酒

選擇：

Beaujolais-Villages R (C-), Côtes-de-Provence Ré (C+)
Coteaux-du-Loir Ré (R), Coteaux-du-Vendômois Ré (TR), Côtes-d'Auvergne R (TR), Côtes-de-Duras R (C-), Côtes-de-Millau Ré (TR), Bouzy R (TR), Chiroubles R (TR), Régnié R (TR), Coteaux-du-Giennois B 和 Ré (TR), Coteaux-du-Loir 區 Pineau d'Aunis 葡萄 R (TR), Coteaux-Varois Ré (TR), Côtes-de-Montravel Ré+M (TR), Côtes-du-Jura 區 Pinot Noir 葡萄 R (R), Alsace 區 Pinot Noir 葡萄 R (TR), Alsace 區 Ottrott 村莊 Pinot Noir 葡萄 R (TR), Touraine 區 Cot 葡萄 R (TR), Touraine 區 Gamay 葡萄 R (R), Bourgogne R (C+), Bourgogne Côtes-de-Beaune R (C-)

金瓜炒米粉

材料：乾米粉、南瓜、木耳絲、青蒜絲、蔥絲

調味：豬骨高湯、鹽、糖、白胡椒粉、麻油

口感與風味：南瓜特有的蔬菜甜味、新竹米粉爽脆的口感

適合的葡萄酒：微酸又具香味的白酒、干的粉紅酒

閩南菜

選擇：

Jura 區 l'Etoile B (TR), Champagne Ré +E (C+)
Graves 和 grand cru B (C+), Crozes-Hermitage B (C-), Saint-Péray B (TR), Chablis 和 Chablis crus B (C-), Saint-Bris B (TR), Mâcon B (C+), Bourgogne-Côte-Chalonnaise B (C-), Daumas-Gassac B (TR), Tursan B (TR), Côtes-du-Roussillon B (C-), Jasnières B (R), Chignin-Bergeron B (TR), Gigondas Ré (TR), Bourgueil Ré (TR), Marcillac Ré (TR), Côtes-de-Millau Ré (TR), Montravel Ré (TR), Alsace 區 Riesling 葡萄 B (C+)

火鍋

材料：豬肉片、牛肉片、魚片、各式魚丸、燕丸、蛋餃、魚餃、高麗菜、大白菜、金針菇、茼蒿等各類食材

調味：雞骨及豬骨高湯，沾醬為沙茶醬、蔥、蒜、蛋汁

口感與風味：各種食材的味道

適合的葡萄酒：很有香味的白酒、濃的粉紅酒、淡的紅酒

選擇：

Alsace 區 Riesling grand cru (C+), Bourgogne-Hautes-Côtes-de-Nuits R (C-)
Savennières B (R), Vin jaune B (R) 和 Châton-Chalon B (TR), Côtes-du-Jura B (R), Champagne Ré+E (C+), Morgon R (C-), Moulin-à-Vent R (C-), Jasnières B (R), Coteaux-du-Loir Ré (R), Bourgogne B 和 R (C+), Bourgogne Passetoutgrain R (C-), Bourgogne-Hautes-Côtes-de-Beaune R (C-), Saint-Nicolas-de-Bourgueil R (TR), Anjou R (R), Côtes-du-Rhône B (C-)

煙燻豬耳朵

材料：豬耳朵、蔥、薑、蒜、辣椒

調味：醬油、酒、糖、八角、水、紅辣椒、鹽、香油

口感與風味：醬油香中帶有煙燻味、微甜，豬耳朵有滷過的彈性卻又兼有軟骨脆脆的口感，非常特別

適合的葡萄酒：有發酵香味的紅酒和粉紅酒，但粉紅酒的香味必須很濃郁

選擇：

Savoie區Mondeuse老藤R（TR），Villars-sur-Var區Folle Noire葡萄R（TR）
Fitou R (C-), Coteaux-du-Loir區Pineau d'Aunis葡萄R (TR)和Ré (R), Marcillac R和Ré (TR), Alsace區Ottrott村莊Pinot Noir葡萄R (TR), Valençay區Pineau d'Aunis葡萄R (TR), Madiran區Tannat老藤R (TR), Irouléguy區Tannat葡萄R (TR), Rouge du Béarn（Béarn的紅酒）Tannat 葡萄(TR), Gaillac R (R), Cahors R (C-), Fronton R (R), Champagne Ré (C+), Tavel Ré (C-), Côtes-du-Roussillon Ré (R)

台式蚵仔煎

材料：蚵、蛋、小白菜、太白粉、番薯粉

調味：水、自調台式辣椒甜醬、自調花生醬

口感與風味：柔軟的蚵仔及蛋調粉後軟彈的口感

適合的葡萄酒：濃烈有酸度的白酒，且必須很有個性，才不會受到花生醬汁味道的影響

選擇：

Graves B 和 Graves cru B (C+), Alsace 區 Riesling 和 Alsace cru B (C+)
Savennières B (R), Jasnières B (R), Vouvray干白酒(R), Jurançon干白酒 B (TR), Pacherenc-du-Vic-Bilh干白酒B (TR), Hermitage B (R), Crozes-Hermitage B (C-), Condrieu B (R), Château-Grillet B (TR), Chablis和 Chablis crus B (C-), Côtes-du-Roussillon B (R), Sancerre B (R)

台式豬肉粽子

材料：糯米、豬肉、花生、油蔥

調味：醬油、水

口感與風味：柔

適合的葡萄酒：細緻有香味的白酒

選擇：

Meursault B (C+), Alsace 區 Pinot Gris B (C+) 和 grand cru B (C-)
Champagne Blanc de Blancs extra-brut B+E (R)到brut B+E (C+), Rully B (C-), Chablis premier和grand cru B (C-), Puligny-Montrachet和premier cru B (C+), Chevalier-Montrachet grand cru B (C+), Savennières B (R), Jasnières非常好的年份2003, 2005, 2008, 2009 B (R), Condrieu B (R), Vin Jaune B (R)和Château-Chalon B (TR)

潤餅

材料：潤餅皮、三層豬肉絲、雞絲、蛋皮絲、高麗菜絲、紅蘿蔔絲、青蒜絲、韭黃、蝦仁、豆干、綠豆芽、芹菜、香菜

調味：花生粉、糖粉、海苔粉、海山醬

口感與風味：各種蔬菜的鮮甜交錯，油脂讓整體口感更為滑順，花生粉加糖粉的甜味有畫龍點睛的突出效果

適合的葡萄酒：酸味強烈的白酒、有腐植土壤香味的紅酒或粉紅酒

選擇：

Chablis 和 Chablis premier cru B (C-), Côtes-du-Jura 區 Poulsard 葡萄 Ré (TR)
Quincy B (TR), Cheverny B (TR), Reuilly B (TR), Sancerre B (R), Saint-Pourçain B (TR), Savoie 區 Mondeuse 老藤 vieilles vignes R (TR), Apremont B (TR), Abymes B (TR), Chignin B (TR), Crépy B (TR), Côteaux-du-Loir 區 Pineau d'Aunis 葡萄 R (TR) 和 Ré (R), Marcillac R 和 Ré (TR), Alsace 區 Ottrott 村莊 Pinot Noir 葡萄 R (TR), Alsace 區 Sylvaner 葡萄 B (R)

刈包

材料：刈包、滷五花肉、酸菜、紅辣椒

調味：花生粉、糖

口感與風味：口感溫暖柔軟，有豬肉的鮮甜，微酸微鹹微辣

適合的葡萄酒：中度酒體的紅酒、香味豐富的粉紅酒

選擇：

Nuits-Saint-Georges R (C-), Cabernet d'Anjou Ré+M (TR)
Fixin 和 premier cru R (C-), Gevrey-Chambertin R 和 premier cru (C+), Vougeot R (C+), Côtes-de-Beaune R (C+), Côtes-de-Beaune-Villages R (C-), Saumur R (R), Saint-Nicolas-de-Bourgueil R (TR), Bourgueil R (TR), Mâcon R (C+), Mâcon-Supérieur R (C-), Menetou-Salon R (C-), Marsannay Ré (R), Champagne Ré +E (C+), Côtes-de-Saint-Mont R 和 Ré (TR), Costières-de-Nîmes R (C-) 和 Ré (R), Côte-de-Brouilly R (C-), Coteaux-d'Aix Ré (TR), Gigondas R (C-), Côtes-du-Roussillon-Villages Ré (R), Côtes-du-Ventoux R (C-), Côtes-du-Vivarais R (TR), Côtes-du-Marmandais R (TR), Côtes-de-Castillon R (R)

蘿蔔糕

材料：白蘿蔔、米漿、紅蔥頭

調味：水、鹽

口感與風味：口感軟滑，白蘿蔔
與白米的甜及紅蔥頭的香

適合的葡萄酒：偏酸的白酒

選擇：

Sancerre B (C-), Bourgogne B (C+)
Bourgogne 區 Aligoté 葡萄 B (C-), Mâcon
和 Mâcon-Supérieur B (C+), Saint-Véran
B (TR), Pouilly-Fumé B (R), Quincy B
(TR), Touraine B (C-), Touraine-Amboise
B (R), Saint-Pourçain B (TR), Muscadet
和 Muscadet de Sèvre-et-Maine B (R),
Alsace 區 Riesling 葡萄 B (C+), Alsace 區
Sylvaner 葡萄 B (R), Crémant de Loire B+E
(R), Crémant du Jura B+E (R), Chignin-
Bergeron B (TR), Bergerac B (C-), Coteaux-
du-Languedoc B (C-), Côtes-du-Roussillon
B (R), Bordeaux B (C+), Graves B (C+)

四神湯

材料：薏仁、豬小腸、蓮子、中
藥材（淮山、茯苓、芡實）

調味：酒、水

口感與風味：薏仁的彈性搭配蓮
子的鬆軟口感，酒引出小腸、薏
仁和藥材淡淡細緻的香味

適合的葡萄酒：很濃的粉紅酒、
具有發酵香味的紅酒

選擇：

**Tavel Ré (C-), Côtes-du-Jura 區
Poulsard 葡萄 Ré (TR)**
Savoie區Mondeuse老藤(vieilles
vignes) R (R), Marcillac R和Ré (TR),
Madiran區老年份（最少10年）
Tannat葡萄R (TR), Cahors R (R),
Côtes-de-Saint-Mont R和Ré (TR),
Tursan R和Ré (TR), Coteaux-de-
Chalosse R (TR), Alsace區Ottrott村
莊Pinot Noir葡萄R (TR), Côtes-du-
Marmandais R (TR), Coteaux-du-
Loir區Pineau d'Aunis葡萄R (TR)和
Ré (R), Villars-sur-Var區Folle Noire
葡萄R (TR), Côtes-de-Provence Ré
(C+), Bandol Ré (TR), Palette Ré (TR),
Champagne Ré+E (C-)

 魚丸湯

材料：魚丸、油蔥酥、蔥、芹菜

調味：水、鹽

口感與風味：魚丸脆脆的口感，

魚類淡淡的鮮甜味

適合的葡萄酒：干白酒、
Muscadet-sur-lie B (R)

選擇：

**Muscadet 和 Muscadet de Sèvre-et-Maine
B (R), Graves B (C+)**
Alsace區Riesling葡萄B (C+), Alsace區
Sylvaner葡萄B (R), Alsace區Pinot Blanc
葡萄B (TR), Cour-Cheverny B (TR),
Saumur B (TR), Coteaux-du-Loir B (R),
Montlouis mousseux B+E (TR), Côtes-
de-Duras B (C-), Gaillac B (R), Bergerac
B (C-), Bourgogne B (C+), Mâcon B (C+)
和Mâcon-Villages B (C-), Pouilly-Fuissé
B (C-)

台式芋頭鮮粥

材料：芋頭、米、青蚵、豬肉絲、
蝦米、高麗菜、油豬蔥

調味：高湯、鹽、白胡椒粉

口感與風味：濃郁的芋頭香，鮮
甜的青蚵味

適合的葡萄酒：酸度很好的白
酒、很干的粉紅酒

選擇：

Alsace區Riesling葡萄B（C+），

**Muscadet和Muscadet de Sèvre-et-
Maine B (R)**
Graves 和 Graves cru B (C+), Sancerre
B (R), Quincy B (TR), Saint-Pourçain B
(TR), Faugères B (R), Minervois B (R),
Côtes-du-Roussillon B (C-), Côtes-de-
Provence B (C-), Saumur B (R), Chignin-
Bergeron B (TR), Chablis 和 Chablis cru
B (C-), Hermitage B (TR), Châteauneuf-
du-Pape B (R)

 ## 大腸蚵仔麵線

材料：茶色麵線、生蚵、豬大腸、
紅蔥頭、香菜

調味：柴魚高湯、醬油、酒、烏
醋、大蒜泥、番薯粉、太白粉、
麻油、辣油

口感與風味：滑溜若果醬般的口
感，有土的香味、辣、發酵的味
道

適合的葡萄酒：很有個性的紅
酒、很濃的粉紅酒

選擇：

**Côtes-du-Roussillon R (C-), Cahors R
(R)**
Marcillac R (TR), Côteaux-du-
Languedoc R (C-), Pécharmant R (TR),

Madiran R (R), Fronton R (R), Gaillac R (TR), Fitou R (C-), Minervois R (C-), La Clape R (TR), Corbières R (C-), Saint-Chinian R (C-), Collioure R (TR), Médoc cru bourgeois R (C+), Fronsac R (C+), Saumur-Champigny R (R), Patrimonio R (TR), Villars-sur-Var 區 Folle Noire 葡萄 R (TR)

肉羹麵線

材料：豬肉、魚漿、大白菜、香菇、紅蘿蔔、紅蔥酥、太白粉、番薯粉

調味：醬油、酒、烏醋、大蒜泥、太白粉、水、麻油

口感與風味：濃稠滑溜的口感，有香菇和肉的香味，烏醋的酸有去油膩的作用

適合的葡萄酒：干的 Chenin B、Chardonnay B

選擇：

Touraine Azay-le-Rideau B (TR), Bourgogne B (C+)
Bourgogne Côte-Chalonnaise B (C-), Mâcon-Villages B (C-), Côtes-de-Nuits-Villages B (C-), Chablis B (C+), Savennières B (R),

Jasnières B (R), Coteaux-du-Loir B (R), Touraine-Amboise B (R), Touraine-Mesland B (R), Côtes-du-Jura 區 Chardonnay 葡萄 B (TR), l'Etoile B (TR), Saint-Romain B (R)

 台式鵝汁麵

材料：鵝肉片、台式油麵、韭菜、油蔥

調味：鵝高湯、鹽

口感與風味：油蔥香味，湯汁甜美

適合的葡萄酒：淡的紅酒、粉紅酒、有香味但要清爽型、淡一點的白酒

選擇：

Saint-Amour R (TR), Auxey-Duresses R (C-)
Chiroubles R (TR), Bourgogne Passetoutgrain R (C-), Volnay R (C+), Beaune R (C+), Touraine-Mesland R 和 Ré (R), Anjou R (R), Coteaux-du-Loir R (TR) 和 Ré (R), Bourgueil R 和 Ré (TR), Saint-Nicolas-de-Bourgueil R 和 Ré (TR), Alsace 區 Pinot Noir 葡萄 R (R), Côtes-du-Jura 區 Pinot Noir 葡萄 R (TR), Menetou-Salon R (R), Auvergne 區 Gamay 葡萄 R (TR), Saint-Véran B (TR)

閩南菜

太陽餅

材料：麵粉、新鮮豬油、酥油

調味：砂糖、麥芽、水

口感與風味：外層是薄薄細緻酥軟如雪花的千層餅皮，內餡有軟黏口感的微甜麥芽香，有新鮮烘焙的糕餅香

適合的葡萄酒：有一點甜的白酒、有氣泡的酒

選擇：

Clairette de Die B+EM (R), Champagne brut B+E 到 doux（甜）B+EM (C+)
Crémant de Loire B+E (R), Crémant de Bourgogne B+E (R), Crémant du Jura B+E (R), Clairette de Bellegarde B+E (TR), Saumur mousseux B+E (TR), Gaillac mousseux B+E (TR), Seyssel mousseux B+E (TR), Coteaux-de-la-Loire demi-sec B+M (TR), Coteaux-de-l'Aubance demi-sec B+M (TR)

 鳳梨酥

材料：麵粉、鳳梨

調味：奶油、糖

口感與風味：外皮酥脆有奶油甜香，新鮮鳳梨熬煮的內餡黏軟甜中帶點果酸

適合的葡萄酒：有香味的甜白酒

選擇：

Alsace區Gewurztraminer葡萄 vendanges tardives和sélection de grains nobles B+M (C-), Jurançon moelleux（甜的）B+M (R)
Quarts-de-Chaume B+M (R), Coteaux-du-Layon B+M (R), Bonnezeaux B+M (R), Alsace區Muscat干的葡萄和 grand cru B (R), Languedoc區Muscat 干的葡萄B (TR), Rasteau B+M (R), Muscat de Beaumes-de-Venise B+M (R), Muscat de Saint-Jean-de-Minervois B+M (R), Muscat de Mireval B+M (R), Muscat de Lunel B+M (R), Muscat de Rivesaltes B+M (R), Banyuls B+M (TR), Champagne demi-sec到doux（甜）E+M (C+), Picpoul-de-Pinet B (TR), Condrieu B (R), Bellet B (TR), Corse 區Vermentino葡萄B (TR), Coteaux-d'Ancenis區Malvoisie葡萄B (TR), Sauternes B (C+), Barsac B (C+)

紅豆餅

材料：麵粉、牛奶、紅豆

調味：糖、水

口感與風味：外皮烤得皮薄酥

脆，口感滑順有奶香及紅豆香

適合的葡萄酒：偏甜的粉紅酒和
紅酒、有果香味的粉紅酒

選擇：

**Cabernet d'Anjou Ré+M (R), Maury
R+M (R)**
Champagne Ré (C+), Rosé des Riceys Ré
(TR), Rosé du Cerdon Ré+EM (R), Banyuls
B 和 Ré +M (TR), Rivesaltes Ré+M (TR),
Rasteau vin doux naturel R+M (TR), Côtes-
de-Montravel Ré+M (TR)

牛舌餅

材料：麵粉、豬油、麥芽、白芝
麻

調味：水、糖

口感與風味：脆、有一點麵皮的
味道

適合的葡萄酒：半干白酒、非常
有水果香味的白酒、半干的氣泡
酒

選擇：

**Alsace 區 Muscat 干 葡 萄 酒 B (R),
Champagne demi-sec B+EM (C-)**
Coteaux-d'Ancenis區Malvoisie葡萄

B+M (TR), Montlouis demi-sec B+M
(TR), Languedoc區Muscat sec干葡
萄酒B (TR), Picpoul-de-Pinet B (TR),
Alsace區Gewürztraminer葡萄B (C+),
Saumur mousseux B+E (TR), Blanquette
de Limoux B+E (TR), Clairette de
Bellegarde B+E (TR), Clairette de Die
B+EM (TR), Clairette du Languedoc
B+E (TR), Coteaux-de-l'Aubance B+M
(TR)

芋頭餅

材料：麵粉、芋頭

調味：奶油、糖、鹽

口感與風味：外皮微酥，內餡柔
軟滑順有芋頭的香味、奶粉的香
味、甜味

適合的葡萄酒：甜的粉紅酒和白
酒、很有香味的干白酒

選擇：

**Cabernet d'Anjou Ré+M (TR),
Champagne 半干到甜 B+EM (C+)**
Pacherenc-du-Vic-Bilh moelleux甜的
B+M (TR), Jurançon moelleux甜的
B+M (R), Rosé du Cerdon Ré+EM (TR),
Alsace區Muscat葡萄vendanges tardives
B+M (TR), Languedoc區Muscat干葡萄
酒B (TR), Alsace區Muscat葡萄B (R),
Jura區Vin de Paille B+M (TR), Corrèze

區Vin Paillé B+M (TR), Jura區Macvin B+M (TR), Pineau des Charentes B和 Ré +M (R), Champagne Ré+E (C+), Sauternes B+M (C+), Jura區l'Etoile B (TR), Alsace區Heiligenstein村莊Klevner 葡萄B (TR)

黑糖糕

材料：低筋麵粉、黑糖、蜂蜜、沙拉油、泡打粉、白芝麻

調味：水

口感與風味：有海棉口感的黑糖香

適合的葡萄酒：半干和甜的白酒、半干和甜的有氣泡的酒

選擇：

Loire 區的 Château de Putille 酒莊生產的 Cuvée Ambre (sélection de grains nobles) Ré+M (R), Vin de Paille B+M (TR)

Corrèze 區 Vin Paillé B+M (TR), Gaillac R. 區 Vin d'Autan 酒 Plageoles 酒 莊 B+M (TR), Pacherenc-du-Vic-Bilh 甜 的 B+M (TR), Jurançon moelleux 甜 的 B+M(R), Gaillac moelleux 甜 的 B+M (TR), Rasteau vin doux naturel R+M (TR), Maury R+M (R)

客家菜

客家菜特色是比較鹹，料理時習慣使用比較多的油，而且少使用紅肉。飲食方面以吃飽不吃巧為原則，用料不求珍貴，主要以當地所產之蔬菜與肉品調配運用（莊英章，2005）。

客家菜系中有好幾道菜都帶點微辣，常使用醃漬過的食材，非常有口感。這種料理需要比較酸的香檳、氣泡酒或白酒來搭配，如 Champagne Extra Brut 和 Brut，或是產自不同地區的干白酒：Loire、Alsace、Bourgogne、Chablis 和 Beaujolais。讀者們應該找法國中部的干白酒，例如 Cheverny、Sancerre、Coteaux-du-Giennois、Pouilly-sur-Loire、Pouilly-Fumé、Saint-Pourçain、Quincy，因為這些地區的酒，一般來說價錢不貴品質卻極佳。

如果喜歡嘗試山上的葡萄園，像是 Jura 和 Alpes 產區，會有驚豔的感覺，而我特別推薦 Jura 區的 Vin Jaune，搭客家菜是絕配。若料理很有特色，也可以試試 Rhône 和 Provence 的葡萄酒。至於粉紅酒及紅酒，要找味道淡一點的酒款，像是品質比較好的如 Beaujolais 10 « crus »，以及來自 Loire 或 Auvergne 產區 Gamay 葡萄釀的紅酒。

另一個很有趣的方向是選擇淡而有個性的紅酒及粉紅酒，這些酒具有成熟的香味，像是腐植土壤、野生動物濕毛皮味、兔子內臟的風味，特別是Jura產區用Poulsard葡萄釀的粉紅酒、Coteaux-du-Loir產區用Pineau d'Aunis葡萄釀的粉紅酒和紅酒、Marcillac產區的粉紅酒及紅酒、Alsace一個小產區Ottrott，用Pinot Noir葡萄釀的紅酒、Savoie產區用Mondeuse葡萄釀的老年份紅酒、Villars-sur-Var及Bellet產區用Folle Noire葡萄釀的紅酒、Madiran產區用Tannat葡萄釀的老年份紅酒等等。

客家小炒

材料：芹菜、魷魚、豬肉絲、乾蝦仁、辣椒、蔥

調味：醬油、酒、香油、鹽

口感與風味：有嚼勁的臭香魷魚搭配爽脆的芹菜，結合大海與土的風味

適合的葡萄酒：香味豐富的白酒及很濃的粉紅酒

選擇：

Rhône區Viognier葡萄B（C-）、

Champagne Ré+E (C-)

Graves B (C+)、Côtes-de-Provence B (C-)、Pouilly-Fuissé B (C-)、Alsace 區 Riesling葡萄 grand cru B (C+)、Sancerre B (C-)、Côtes-du-Jura 區 Poulsard 葡萄 Ré (TR)、Tavel Ré (C-)、Jasnières B (R)、Patrimonio Ré (TR)、Côtes-du-Roussillon Ré (C-)、Bourgogne premier cru B (C-)、Chablis premier cru B (C-)、Marsannay Ré (R)

 梅乾扣肉

材料：豬五花、梅乾菜、蒜頭、蒜白、紅辣椒

調味：醬油、酒、糖

口感與風味：梅乾特殊的陳年土質香，肉質軟爛鹹香

適合的葡萄酒：有水果香味或是土和木頭香味的紅酒

選擇：

Gevrey-Chambertin R (C+)、Saumur-Champigny R (C-)

Morgon R (C-)、Moulin-à-Vent R (C-)、Juliénas R (C-)、Fleurie R (R)、Côte-de-Brouilly R (C-)、Coteaux-du-Loir 區 Pineau d'Aunis 葡萄 R (TR)、Coteaux-du-Vendômois 區 Pineau d'Aunis 葡 萄 R (TR)、Savoie 區 Mondeuse 葡萄 R (TR)、Bourgogne R

(C+), Charmes-Chambertin grand cru R (C+), Menetou-Salon R (R), Anjou-Villages R (R), Marcillac R (TR), Alsace 區 Ottrott 產 區 Pinot Noir 葡萄 R (TR), Côtes-du-Jura 區 Poulsard 葡萄 Ré (TR), Madiran 區 Tannat 葡萄 R (R), Cahors R (C-), Fronton R (R), Saint-Emilion 和它的 crus R (C+)

薑絲炒大腸

材料：豬大腸、薑絲、蒜頭、辣椒、九層塔

調味：黑醋、白醋、鹽、醬油、酒、香油、太白粉少許

口感與風味：尖銳的酸、薑絲的辣、九層塔香，最後是滑順柔軟口感的大腸包覆整個口腔，充滿張力

適合的葡萄酒：干白酒（為了消除醋的味道）

選擇：

Châteauneuf-du-Pape B (TR)、Alsace 區 Pinot Gris 葡萄 grand cru B (C-)
Château Carbonnieux 和其他好的 crus 從 Pessac-Léognan B (C-), Entre-Deux-Mers B (C-), Côtes-de-Bourg B (R), Graves B (C+), Condrieu B (R), Vin Jaune B (R), Pouilly-Fumé B (R), Sancerre B (C-), Savennières B (R), Coulée-de-Serrant B (TR), Savennières La Roche-aux-Moines B (TR), Château-Grillet B (TR), Bellet B (TR), Bourgogne premier cru 和 grand cru B (C+), Chablis premier 和 grand cru B (C-), Alsace 區 Gewürztraminer 葡萄和 grand cru B (C+), Alsace 區干的 Muscat 葡萄 B (R), Languedoc 區 Muscat sec 干白酒 B (TR)

 蒜苗炒鹹豬肉

材料：蒜苗、鹹豬肉

調味：白醋

口感與風味：蒜苗搭配豬肉的鹹香，非常順口

適合的葡萄酒：干白酒、濃的粉紅酒

選擇：

Vin Jaune B (R)、Bourgogne B (C+)
Jasnières B (R), Saumur B (R), Savennières B (R), Gaillac B (R), Sancerre B (C-), Graves B (C+), Pouilly-Fumé B (R), Alsace 區 Riesling 葡萄 B (C+), Alsace 區 Pinot Gris 葡萄 B (C+), Patrimonio B (TR), Bellet B (TR), Châteauneuf-du-Pape B (R), Condrieu B (R), Champagne Blanc de Blancs B (C+), Tavel Ré (C-), Coteaux-du-Languedoc Ré (C-), Lirac Ré (TR), Champagne Ré+E (C+)

客家菜

酸菜炆豬肚

材料：酸菜、豬肚片、五花肉、薑絲、蔥

調味：鹽、酒

口感與風味：豬肚特殊的風味、口感軟潤，酸菜發酵後天然的微酸，溫柔中又有重量

適合的葡萄酒：帶有香味及礦物味的白酒

選擇：

Graves B (C+)、Alsace 區 Riesling 葡萄 B (C+)
Muscadet-sur-lies B (C-), Coteaux-du-Loir B (R), Jasnières B (R), Savennières B (R), Coulée-de-Serrant B (TR), Saumur B (R), Sancerre B (C-), Chablis B (C-), Condrieu B (R), Crozes-Hermitage B (C-), Hermitage B (C-), Pouilly-Fumé B (R), Pouilly-Fuissé B (C-), Champagne Blanc de Blancs B+E (C+)

韭菜炒鴨血

材料：韭菜、鴨血、薑絲、紅辣椒

調味：香油、烏醋、鹽、酒

口感與風味：鴨血軟嫩，韭菜辛香又有一絲烏醋的陳酸微香

適合的葡萄酒：香味由淡至中間的紅酒、很濃的粉紅酒

選擇：

Morgon R (C-)、Bourgogne R (C+)
Mercurey R (C+), Rully R (C+), Mâcon R (C+), Savigny-Lès-Beaune R (C+), Saint-Aubin R (C-), Côtes-de-Nuits-Villages R (C+), Menetou Salon R (C-), Bordeaux-Supérieur R (C+), Buzet R (R), Chinon R (C-), Tavel Ré (C-), Bandol Ré (TR), Rosé des Riceys Ré (TR), Champagne Ré+E (C-), Côtes-de-Duras R (C-), Marsannay Ré (R)

古味古仔肉炒韭菜

材料：韭菜、豬肉

調味：醬油、香油、鹽

口感與風味：韭菜辛香加上豬肉

的油香

適合的葡萄酒：中度酒體的紅酒、很甜的粉紅酒

選擇：

Morgon R (R)、Premières-Côtes-de-Blaye R (C-)

Côtes-de-Bourg R (C-), Bordeaux Côtes-de-Francs R (C-), Fronton R (TR), Bordeaux 和 Bordeaux-Supérieur R (C+), Côtes-du-Marrmandais R (R), Buzet R (TR), Médoc cru bourgeois R (C+), Irouléguy R (TR), Corton R (C-), Aloxe-Corton R (C+), Côte-de-Beaune-Villages R (C+), Chinon R (C-), Saumur-Champigny R (R), Collioure R (TR), Tavel Ré (R), Gigondas Ré (TR), Champagne Ré 和 它 的 crus+E (C-), Bandol Ré (TR), Côtes-de-Provence Ré (C-), Sancerre Ré (TR)

九層塔炒鴨肉

材料：九層塔、鴨肉片、薑絲、紅辣椒

調味：醬油、麻油、酒、鹽

口感與風味：九層塔的辛香加上麻油醬香，搭配鴨肉的咬勁，菜色濃香

適合的葡萄酒：比較濃的紅酒、濃郁有香味的干白酒

選擇：

Château Montrose R (C+)、Château Cos d'Estournel R (C+)

Château Lafon-Rochet R (TR), Château Cos-Labory R (C+), Listrac R (C-), Graves 和 grand cru R (C+), Côtes-du-Roussillon R (C-), Coteaux-du-Languedoc R (C-), Cahors R (C-), Fitou R (C-), Saint-Chinian R (C-), Faugères R (C-), Corbières R (C+), Corton-Charlemagne grand cru B (C+), Puligny-Montrachet 和 premier cru B (C+), Chassagne-Montrachet 和 premier cru B (C+), Coulée-de-Serrant B (TR), Savennières La-Roche-aux-Moines B (TR), Vouvray 干白酒 B (C-), Montlouis 干的 B (TR)

客家茄子

材料：茄子、蒜頭、蔥、辣椒、九層塔

調味：醬油膏、醬油、香油

口感與風味：燜過的口感軟滑的茄子，吸飽蒜頭九層塔的辛香味，醬香為提味

適合的葡萄酒：很濃的 Provence

白酒、中度酒體的紅酒

選擇：

Collioure R (TR)、Corton-Charlemagne grand cru B (C+)
Puligny-Montrachet B (C+), Montrachet grand cru B (C+), Chassagne-Montrachet grand cru B (C+), Meursault B (C+), Savennières B (R), Coulée-de-Serrant B (TR), Savennières La Roche-aux-Moines B (TR), Château Haut-Brion B (C+), Château La Tour-Martillac B (C+), Château Malartic-Lagravière B (C+), Fitou R (C-), Pécharmant R (TR), Marcillac R (TR)

 油燜桂竹筍

材料：桂竹筍、梅乾菜、蒜頭

調味：醬油、水、鹽

口感與風味：嫩脆鮮甜的桂竹筍，兼有梅乾菜特殊的土質味

適合的葡萄酒：干白酒

選擇：

Savennières B (R)、Alsace 區 Pinot Gris grand cru B (C-)
Bourgogne B (C+), Bourgogne Côte-Chalonnaise B (R), Rully B (R), Montagny B (R), Jasnières B (R), Saumur B (TR), Vouvray 干 的 B (R),Touraine-Mesland B (R), Alsace 區 Sylvaner 葡萄 B (TR), Alsace 區 Klevner 葡萄 B (TR), Crépy B (TR), Marignan B (TR), Ripaille B (TR), Marin B (TR), Côtes-du-Jura 區 Chardonnay B (TR), l'Etoile B (TR), Sancerrre B (R), Chablis 和 crus B (C+), Pouilly-Fuissé B (R), Saint-Véran B (TR)

菜脯煎蛋

材料：蛋、蘿蔔乾、蔥

調味：鹽、胡椒粉少許

口感與風味：蘿蔔乾的天然濃縮而成的鹹味，大火油煎的蛋焦香，又香又鹹

適合的葡萄酒：偏酸的白酒

選擇：

Alsace 區 Riesling B (C+)、Chablis B (C+)
Graves B (C+), Savoie區Roussette葡萄B (TR), Chignin-Bergeron B (TR), Côtes-du-Jura區Chardonnay葡萄B (TR), Muscadet和Muscadet de Sèvre-et-Maine B (R), Pouilly-sur-Loire B (TR), Pouilly-Fumé B (R), Saint-Pourçain B (TR), Sancerre B (R), Moselle B (TR), Coteaux-du-Loir B (R)

麻油松阪豬燒山藥

材料：松阪豬肉片、山藥、老薑片、枸杞

調味：麻油、鹽、酒

口感與風味：松阪豬肉嫩脆、山藥酥鬆，搭配麻油米酒的香甜，濃郁又平衡

適合的葡萄酒：很甜的酒、很濃的白酒

選擇：

Château d'Yquem B+M (C+)、Corton-Charlemagne grand cru B (C+)

Muscat de Beaumes-de-Venise B+M (R), Sauternes區Crus B+M (C+), Barsac區Crus B+M (C+), Loupiac B+M (R), Monbazillac B+M (R), Sainte-Croix-du-Mont B+M(TR), Cadillac B+M (TR), Vouvray demi-sec和甜的B+M (C-), Montlouis demi-sec和甜的B+M (TR), Coteaux-du-Layon B+M (R), Quarts-de-Chaume B+M (R), Bonnezeaux B+M (TR), Muscat de Rivesaltes B+M (R), Muscat de Frontignan B+M (TR), Château-Chalon B (TR), Jura區Macvin B+M (TR), Montrachet grand cru B (C+), Meursault B (C+)

鹽酥溪蝦

材料：溪蝦

調味：蒜頭、辣椒、鹽、酒、白胡椒

口感與風味：蝦殼鮮香酥、蝦肉鮮甜，餘味微辣，從喉嚨辣到嘴唇，嚼一嚼之後有自然的甘甜鹹香

適合的葡萄酒：干白酒、干的粉紅酒

選擇：

Rosé de Provence Ré (C+)、Savennières B (R)

Côtes-de-Toul Ré 和 B (TR), Coteaux-du-Loir Ré (R), Sancerre B (C-), Alsace區 Pinot Gris 葡萄 B (C+), Bellet B (TR), Rosé de Touraine Ré (C-), Mâcon B (C+), Château-Châlon B (TR), Vin Jaune B (R), Beaujolais B (TR), Saint-Bris B (TR), Châteauneuf-du-Pape B (TR), Rosé des Riceys Ré (TR), Bordeaux 和 Bordeaux-Supérieur B (C+), Bandol Ré (TR), Coteaux-d'Aix Ré (TR), Côtes-de-Provence Ré (C+), Muscadet 和 Muscadet-sur-lies B (C-)

客 家 菜

苦瓜鹹蛋

材料：苦瓜、鹹蛋、辣椒

調味：鹽、水

口感與風味：爽脆的苦瓜夾帶鹹香的鹹蛋，溫滑軟的口感

適合的葡萄酒：微甜、有香味的白酒

選擇：

Crémant de Bourgogne B+E (C-)、Vouvray demi-sec B+M (C-)
Savennières B (R), Alsace 區 Pinot Gris 葡萄 B (C+), Pouilly-Fuissé B (C-), Crémant de Loire B+E (R), Montlouis demi-sec B+M (TR), Crémant du Jura B+E (R), Rhône 區 Viognier 葡萄 (C-), Saint-Joseph B (R), Gaillac B (R), Mâcon B (C+), Vin Jaune B (R), Viré-Clessé B (TR)

蘿蔔排骨

材料：豬排骨、筍子、高麗菜、蘿蔔

調味：鹽

口感與風味：蘿蔔鮮甜，非常溫潤

適合的葡萄酒：偏干及有香味的白酒

選擇：

Sancerre B (C-)、Vin Jaune B (TR)
Alsace 區 Riesling 葡萄 B (C+), Alsace 區 Sylvaner 葡萄 B (R), Alsace 區 Pinot Gris 葡萄 B (C+), Rhône 區 Viognier 葡萄 B (C-), Graves 區葡萄 Sauvignon B (C+), Gaillac B (R), Pacherenc-du-Vic-Bilh sec 干白酒 B (TR), Jurançon sec 干白酒 B (R), Jasnières B (R), Pouilly-Fuissé B (C-), Savennières B (R), Bourgogne B (C+), Mâcon B (C+), Bourgogne 區 Aligoté 葡萄 B (C+)

 ## 客家福菜湯

材料：福菜、排骨、蔥

調味：水、鹽適量

口感與風味：福菜的陳年土質風味、芥菜醃漬後的天然鹹香

適合的葡萄酒：含礦物味（岩石）的微酸白酒、很干的粉紅酒

選擇：

Côtes-de-Provence Ré (C+)、Jasnières B (R)
Quincy B (TR), Reuilly B (TR), Muscadet B (C-), Alsace 區 Sylvaner 葡萄 B (R), Alsace 區 Riesling 葡萄 B (C+), Chignin-

Bergeron B (TR), Coteaux-du-Loir B (R), Sancerre B (C-), Saumur B (R) , Touraine B (C-), Côtes de Toul Ré (TR), Alsace區 Heiligenstein產區的Klevner葡萄B (TR), Côtes-du-Jura區Savagnin葡萄B (TR)

二 客家粄條

材料：粄條、韭菜、蝦米、豆芽菜、肉絲、乾香菇

調味：鹽、白胡椒粉

口感與風味：蝦米乾香菇的爆香味融合粄條軟Q的口感

適合的葡萄酒：較淡的干白酒、有一點酸度的果香類粉紅酒

選擇：

Alsace區Pinot Blanc葡萄B（R）、Crémant du Jura B和Ré+E (R)
Cheverny B (TR), Coteaux-du-Giennois B (TR), Quincy B (TR), Saint-Pourçain B (TR), Touraine-Amboise B (R), Rosé de Loire Ré (R), Côtes-de-Provence Ré (C+), Gaillac B (R), Bergerac B (C-), Côtes-du-Jura 區 Pinot Noir 葡萄 Ré (TR), Savoie 區 Roussette 葡萄 B (TR), Mâcon-Villages B (C-), Bourgogne 區 Aligoté 葡萄 B (C-), Alsace 區 Sylvaner 葡萄 B (R)

 客家炒米粉

材料：米粉、乾香菇、乾蝦仁、蛋、豬肉絲、紅蘿蔔、高麗菜、蔥、香菜

調味：醬油、辣椒、鹽、白胡椒

口感與風味：綜合各種蔬菜的鮮甜香中又帶著濃郁的香菇、高麗菜的風味，米粉口感爽脆，餘味微辣

適合的葡萄酒：很干的粉紅酒、很干的白酒

選擇：

Coteaux-du-Loir Ré (R)、Alsace 區 Riesling 葡萄 B (C+)
Côtes-de-Duras Ré (C-), Coteaux-du-Loir B (R), Coteaux-du-Vendômois Ré (TR), Jasnières B (R) , Alsace區Pinot Blanc葡萄B (R), Rosé d'Anjou區Groslot 葡萄Ré (R), Chignin-Bergeron B (TR), Apremont B (TR), Savoie區Roussette 葡萄B (TR), Ripaille B (TR), Crépy B (TR), Reuilly B (TR), Cheverny B (TR), Quincy B (TR), Bourgogne區 Aligoté葡萄 B (C+), Mâcon B (C+)

客 家 菜

冰鎮紅棗南瓜

材料：南瓜、紅棗、薑片、枸杞、
甘草

調味：水

口感與風味：南瓜香甜，紅棗鬆
軟，微微帶一抹藥膳的味道，口
味清爽

適合的葡萄酒：非常具有香味的
粉紅酒、淡的紅酒、有個性的白
酒、微甜偏淡的白酒

選擇：

Jurançon 干白酒 B (R)、Bourgogne R (C+)
Cabernet d'Anjou Ré +M (TR), Rosé du
Cerdon Ré+EM (R), Rosé des Riceys Ré
(TR), Champagne Ré+E (C-), Marcillac Ré
(TR), Coteaux-du-Loir區Pineau d'Aunis
葡萄Ré (R), Coteaux-du-Vendômois區
Pineau d'Aunis葡萄Ré (TR), Coteaux-de-
l'Aubance B+M (TR), Saumur有氣泡的
demi-sec B (TR), Clairette de Die B+EM
(R), Bourgueil R (R), Chinon R (R),
Menetou-Salon R (R), Châteauneuf-du-
Pape B (R), Hermitage B(TR), Vin Jaune
B (R), Alsace區Gewürztraminer葡萄和
grand cru B (C+), Alsace區Muscat葡萄B
(R)

江浙菜

江浙菜是非常精緻的菜餚，搭配高級白酒很棒。它們的特色是都很細緻，肉質處理得滑嫩，特別是魚和海鮮等料理；很可惜我對魚的料理較無興趣，無法欣賞，但是我對海鮮料理的偏愛彌補了缺憾。各種蔬菜鮮脆可口，有些菜口味比較偏甜，當菜餚味道較濃時通常是因為醬汁的影響。

江浙菜搭配白酒的比例最高，粉紅酒的比例也不少；Bourgogne 產區的各款高級酒是搭配江浙料理的絕配，Alsace 區和 Champagne 區從最簡單到最高級的 grands crus 也都非常合適。有些菜，像獅子頭、紅燒蹄膀等，放了醬油又帶點甜味，可以選擇比較陰性的高級紅酒，例如 Bourgogne 產區的葡萄酒或高級的粉紅酒。

蔥燒鯽魚

材料：有卵母鯽魚、蔥、薑

調味：烏醋、醬油、糖

口感與風味：鯽魚浸漬到魚骨都酥了，烏醋與蔥燒煮到食物的甜味都出來了

適合的葡萄酒：白酒、香味豐富的粉紅酒

選擇：

Jasnières B (R), Côtes-de-Provence Ré (C+)
Savennières B (R), Alsace區Riesling葡萄和Riesling葡萄grand cru B (C+), Vin de la Moselle (Moselle的酒) B (TR), Sancerre B (C-), Muscadet和Muscadet de Sèvre-et-Maine B(C-), Quincy, B (TR), Saint-Pourçain B (TR), Montravel B (TR), Côtes-de-Duras B (C-), Champagne extra-brut, B+E (TR), Côtes-de-Toul Ré (TR), Coteaux-du-Loir區Pineau d'Aunis 葡萄Ré (R), Alsace區, Heiligenstein區 Klevner葡萄B (TR), Vin Jaune B(R), Chablis和Chablis cru B (C-)

紅燒獅子頭

材料：豬絞肉、蛋、青江菜、蔥、薑

調味：鹽、酒、高湯、醬油、白胡椒粉

口感與風味：肉質紅潤油亮有彈性，風味甜美溫潤

適合的葡萄酒：中度酒體至濃郁的紅酒、很濃的粉紅酒、香味豐富的白酒

選擇：

Corton R (C-), Vin Jaune B (R)
Aloxe-Corton R (C+), Pommard和premier cru R (C+), Côte-de-Beaune R (C+), Chorey-lès-Beaune R (C-), Savigny-lès-Beaune R (C+), Gigondas R (C-), Vacqueyras R (R), Bandol R (C-), Bellet R (TR), Villars-sur-Var區Folle Noire葡萄R (TR), Patrimonio R (TR), Marcillac R (TR), Champagne Ré和grand cru +E (C+), Alsace區Ottrott村莊pinot葡萄R (TR), Alsace區Pinot Noir葡萄(TR), Costières-de-Nîmes R (C-), Collioure R (TR), l'Etoile B (TR), Savennières B (R), Jasnières B (R), Corton-Charlemagne grand cru B (C+), Puligny-Montrachet

和premier cru B (C+), Bandol Ré (TR), Côtes de Provence Ré (C+)

東坡肉

材料：豬五花、蔥、青江菜、蒜頭

調味：醬油、酒、冰糖、八角、水

口感與風味：豬肉與醬油燉煮後油脂溶合的焦糖化甜香，口感軟綿肥香

適合的葡萄酒：味道濃郁帶果類香味的紅酒、濃郁的粉紅酒

選擇：

Volnay 和 Volnay cru R (C+), Champagne Ré +E (C+)
Bandol Ré (TR), Cabernet d'Anjou Ré+M (TR), Pécharmant R(TR), Collioure R (TR), Côtes-du-Marmandais R (R), Moulin-à-Vent R (C-), Côtes-du-Jura 區 Poulsard 葡萄 Ré (TR), Jura 區 Macvin 酒 R (TR), Chinon R (C-), Bourgueil R (TR), Mercurey R (C+), Auxey-Duresses R (C-), Gevrey-Chambertin R (C+), Maury R+M (R), Rasteau vin doux naturel R+M (R), Banyuls Ré + M (TR)

無錫排骨

材料：豬上排、蔥、薑、八角

調味：醬油、酒、冰糖、白醋、
五香粉

口感與風味：豬上排醃漬後先油
炸再紅燒，繁細的工序引出肉質
的豐軟肥甜

適合的葡萄酒：Pinot Noir 紅酒、
有香味的粉紅酒

選擇：

**Côtes-de-Roussillon Ré (C-), Volnay 和
premier cru R (C+)**
Champagne Ré +E (C+), Bourgogne
R (C+), Beaune R (C+), Pommard 和
premier cru R (C+), Chorey-lès-Beaune
R (C-), Monthélie R (C-), Blagny R (R),
Saint-Romain R (R), Auxey-Duresses R
(C-), Mercurey R (C+), Santenay R (C+),
Saint-Aubin R (C-), Côtes-du-Jura 區
Pinot Noir 葡萄 R (TR), Alsace 區 Pinot
Noir 葡萄 R (TR), Sancerre Ré 和 R (TR),
Bouzy R (TR)

🍴 雪菜百頁

材料：百頁、雪菜、紅辣椒、薑、
蒜

調味：鹽、雞高湯、白胡椒粉、
太白粉、水

口感與風味：雖然雲淡風輕，味
道卻又有令人難忘的細緻鮮美

適合的葡萄酒：淡的干白酒

選擇：

Touraine B (C-), Quincy B (TR)
Côtes-du-Jura 區 Chardonnay 葡萄 B
(R), Bourgogne 區 Aligoté 葡萄 B (C+),
Bourgogne Hautes-Côtes-de-Nuits B (C-),
Bourgogne Hautes-Côtes-de-Beaune
B (C-), Viré-Clessé B (TR), Mâcon 和
Mâcon-Supérieur B (C-), Entre-Deux-
Mers B (C-), La Clape B (TR), Côtes-du-
Roussillon B (R), Alsace 區 Sylvaner 葡
萄 B (TR), Côtes-de-Toul B (TR), Vin du
Bugey (Bugey 的酒) B (TR), Marignan
B (TR), Crépy B (TR)

 雪菜黃魚片

材料：黃魚片、雪菜、熟筍片、
紅辣椒、薑、蔥

調味：鹽、雞高湯、白胡椒粉、蛋白、太白粉、水

口感與風味：黃魚鮮嫩，湯頭甜美濃郁口味豐富

適合的葡萄酒：中度酒體至濃郁的干白酒

選擇：

Alsace 區 Pinot Gris 葡萄和 grand cru B (C-), Pouilly-Fuissé B (C-)
Savennières B (R), Jasnières B (R), Sancerre B (R), Chignin-Bergeron B (TR), Champagne Blanc de Blancs premier 和 grand cru B +E (C+), Crémant de Loire B +E (R), Seyssel mousseux B+E (TR), Jurançon sec 干白酒 B (R), Pacherenc-du-Vic-Bilh sec 干白酒 B(TR), Vin Jaune B (R), Rully B (C+), Corton-Charlemagne grand cru B (C+), Pernand-Vergelesses B(C-), Montrachet grand cru B (C+), Bâtard-Montrachet grand cru B (C+), Criôts-Bâtard-Montrachet grand cru B (C+), Hermitage B (R), Crozes-Hermitage B (C-), Condrieu B (R), Daumas-Gassac B (TR)

 韭黃鱔糊

材料：韭黃、鱔魚、薑絲、蒜頭、紅辣椒絲、香菜

調味：醬油、酒、蠔油、白醋、香油、太白粉、水

口感與風味：鱔魚黏又彈牙的口感非常特別，辛香料爆香後風味香芳濃郁，醬濃滑稠

適合的葡萄酒：很濃郁的紅酒、香味豐富的粉紅酒

選擇：

Collioure R (TR), Saint-Emilion grand cru classé 和 premier grand cru classé R (C+)
Côtes-de-Castillon R (R), Côtes-de-Blaye R (C-), Côtes-de-Bourg R (C-), Côtes-du-Roussillon R (R), Coteaux-du-Languedoc R (C-), Corton R (C-), Aloxe-Corton R (C+), Champagne Ré+E (C+), Tavel Ré (C-), Bandol Ré (TR), Rivesaltes Ré +M (TR), Banyuls R 和 Ré +M (TR), Rasteau R+M (R), Cabernet d'Anjou Ré +M (TR), Patrimonio Ré (TR), Bellet Ré (TR), Marcillac Ré (TR), Rosé du Cerdon Ré+EM (R), Rosé des Riceys Ré (TR)

鍋巴三鮮

材料：鍋巴、蝦仁、魷魚、豬肉片、紅蘿蔔、甜豆、香菇、薑片、蔥段

調味：鹽、糖、番茄醬、白醋、香油、太白粉、水

口感與風味：這道菜經過炸、煮、拌等多道手續，酥脆又滑順口感豐富，加上材料多元有肉類、海味以及蔬菜和鍋巴的甜脆，醬汁酸甜滑順，層次豐富多變化

適合的葡萄酒：Pinot noir 紅酒、Gamay 紅酒

選擇：

Romanée-Conti grand cru R (R), Moulin-à-Vent R (C-)
La Tâche grand cru R (R), La Romanée grand cru R (R), Richebourg grand cru R (C-), Romanée-Saint-Vivant grand cru R (C-), Grands Echezeaux grand cru R (C-), Echezeaux grand cru R (R), La Grande Rue grand cru R (TR), Vosne-Romanée R (C+) 和 premier cru (C-), Vougeot R (C+), Clos-Vougeot R (C-), Chambolle-Musigny R 和 premier cru (C-), Musigny grand cru R (C-), Bonnes-Mares grand cru R (C+), Morey-Saint-Denis R (C+), Clos-de-la-Roche grand cru R (C+), Clos-de-Tart grand cru R (C+), Clos-des-Lambrays grand cru R (C-), Morgon R (C-), Régnié R (TR), Côte-de-Brouilly R (C-)

椒鹽田雞腿

材料：田雞腿、蔥末、薑末、蒜末、紅辣椒、香菜、油、地瓜粉

調味：鹽、白胡椒

口感與風味：田雞細緻的肉質，食物純粹的風味

適合的葡萄酒：干白酒、干的粉紅酒

選擇：

Coteaux-du-Loir B (R), Bourgogne B (C+)
Muscadet和Muscadet-sur-lies B (C-), Quincy B (TR), Saint-Pourçain B (TR), Pouilly-sur-Loire B (TR), Pouilly-Fumé B (R), Reuilly B (TR), Touraine B (R), Vouvray 干白酒B (R), Côtes-du-Jura B (R), l'Etoile B (TR), Touraine Ré (R), Rosé de Loire（Loire的粉紅酒）Ré (R), Bergerac Ré (TR), Montravel Ré (TR), Côtes-de-Provence Ré (C+), Marsannay Ré (TR), Coteaux-du-Giennois Ré (TR), Côtes-Roannaises Ré (TR), Champagne Blanc de Noirs brut B+E (C+)

江浙菜

苔條松子河蝦仁

材料：河蝦仁、松子仁、海苔條、蔥、薑、枸杞

調味：鹽、酒、太白粉、水

口感與風味：蝦仁、松子鮮脆，海鮮的香味，口味微甜

適合的葡萄酒：很干的白酒、很干的粉紅酒

選擇：

Muscadet-sur-lies B (C-), Champagne Blanc de Blancs extra-brut (R) 和 brut B+E (C+)
Loire區Gros Plant葡萄B (TR), Coteaux-du-Loir Ré (R), Graves和Graves grand cru classé B (C+), Pouilly-sur-Loire B (TR), Pouilly-Fumé B (TR), Sancerre B (R), Alsace區Riesling葡萄和grand cru B (C+), Alsace區Muscat干白酒 B (R), Languedoc區Muscat干白酒 B (TR), Gaillac B (R), Sancerre Ré (TR), Menetou-Salon Ré (TR), Côtes-Roannaises Ré (TR), Côtes-de-Provence Ré (C+), Bordeaux和Bordeaux-Supérieur Ré (C+)

脆皮鮮蝦球

材料：草蝦仁、蔥、薑、麵包粉、豬油

調味：鹽、太白粉、水

口感與風味：外皮酥脆，內餡鮮甜有彈性，香潤可口

適合的葡萄酒：比較酸的干白酒、干的粉紅酒

選擇：

Sancerre Ré (TR), Bourgogne 區 Aligoté 葡萄 B (C+)
Quincy B (TR), Alsace 區 Sylvaner 葡萄 B (R), Crémant d'Alsace B+E (R), Alsace 區 Pinot Gris 葡萄 B (C-), Bourgogne B (C+), Chablis B (C-), Coteaux-du-Loir B (R), Saumur B (R), Crémant de Loire B+E(R), Crémant du Jura 區 Chardonnay 葡萄 B+E (R), Champagne 區有最多的 Pinot Meunier 葡萄 B+E (C-), Muscadet 和 Muscadet-sur-lies B (C-), Loire 區 Gros Plant 葡萄 B (TR), Chignin B (TR), Ripaille B (TR), Côtes-de-Provence Ré (C+), Rosé du Béarn（Béarn 的粉紅酒）Ré (TR), Valençay Ré (TR), Crémant de Loire Ré+E (R), Crémant du Jura Ré+E (R)

清蒸臭豆腐

材料：臭豆腐、乾香菇、毛豆仁、蔥、薑、蒜

調味：糖、醬油

口感與風味：黃豆發酵後的臭香，風味細緻濃厚豐富

適合的葡萄酒：味道濃郁的高級白酒

選擇：

Alsace 區 Pinot Gris 葡萄 grand cru B (C-), Vin Jaune B (R)
Coulée-de-Serrant B (TR), Château-Chalon B (TR), Alsace 區 Pinot Gris 葡萄和 Riesling 葡萄 B (C-), Savennières B (R), Jasnières B (R), Alsace Heiligenstein 區 Klevner 葡萄 B (TR), l'Etoile B (TR), Plageoles 酒莊的 Vin de Voile (Gaillac 區) B (TR), Gaillac 區 Mauzac 葡萄 B (TR), Condrieu B (R), Daumas-Gassac B (R), Château-Grillet B (TR), Corton-Charlemagne grand cru B (C-), Montrachet grand cru B (C-), Chevalier-Montrachet grand cru B (C-), Bâtard-Montrachet grand cru B (C-), Domaine de Chevalier grand cru B (C-), Château Malartic-Lagravière grand cru B (C-), Château Olivier grand cru B (C-)

醬爆年糕蟳

材料：紅蟳、白年糕、薑、蔥、紅辣椒

調味：甜麵醬、辣豆瓣醬、醬油、酒、白醋、糖、麵粉

口感與風味：年糕軟彈，海鮮味足，醬汁鹹中微帶甜，餘味微辣

適合的葡萄酒：很濃的干白酒、酒體淡至中度的紅酒、濃郁的粉紅酒

選擇：

Champagne Ré (C+), Alsace 區 Pinot Gris 葡萄 grand cru B (C+)
Savennières B (R), Hermitage B (R), Crozes-Hermitage B (C-), Daumas-Gassac B (TR), Vin Jaune B (R), Châteauneuf-du-Pape B (TR), Sancerre B (R), Jasnières B (R), Graves 和 grand cru B (C+), Chiroubles R (TR), Fleurie R (TR), Chinon R (C-), Bourgueil R (R), Saint-Nicolas-de-Bourgueil R (TR), Menetou-Salon R (R), Bellet Ré (TR), Bandol Ré (TR), Coteaux-du-Languedoc Ré (C-), Côtes-du-Ventoux R (C-), Côtes-du-Vivarais R (TR)

江 浙 菜

宋嫂魚羹

材料：鱸魚肉、豌豆仁、熟火腿、
熟竹筍、香菇、蔥、薑、蛋

調味：醬油、醋、鹽、雞高湯、
太白粉

口感與風味：色澤黃亮，鮮嫩滑
潤，風味鮮甜

適合的葡萄酒：有個性的白酒、
氣泡酒

選擇：

**Sancerre B (R), Champagne Blanc de
Blancs 和 NV B+E (C+)**
Graves 和 Graves grand cru classé B (C+),
Entre-Deux-Mers B (R), Savennières
B (R), Coulée-de-Serrant B (TR),
Savennières La-Roche-aux-Moines B
(TR), Bourgogne premier 和 grand cru B
(C+), Rully B (C+), Jasnières B (R),
Alsace 區 Riesling 葡萄 grand cru B (C+),
Alsace 區 Pinot Gris 葡萄 grand cru B
(C-), Alsace 區 Heiligenstein 區 Klevner
葡萄 B (TR), l'Etoile B (TR), Vin Jaune
B (R), Daumas-Gassac B (TR)

砂鍋醃篤鮮

材料：豆干結、豬肉片、金華火
腿、扁尖筍、青江菜、蔥絲

調味：鹽、雞高湯

口感與風味：爽脆的筍片、柔軟
的肉，火腿煙燻鹹香的風味，蔬
菜中和油膩味、湯頭乳白濃郁

適合的葡萄酒：濃郁的白酒

選擇：

**Corton-Charlemagne grand cru B (C+),
Alsace Riesling 葡萄 grand cru B (C+)**
Alsace 區 Pinot Gris 葡萄 grand cru
B (C+), Savennières B (R), Coulée-
de-Serrant B (TR), Jasnières B (R),
Chablis premier 和 grand cru B (C+),
Champagne Blanc de Blancs premier 和
grand cru B +E (C+), Montrachet grand
cru B (C-), Châteauneuf-du-Pape B (TR),
Condrieu B (R), Château-Grillet B (TR),
Graves blanc 和 grand cru B (C+), Vin
Jaune B (R) 和 Château-Chalon B (TR),
Coteaux-du-Languedoc B (C-), Côtes-du-
Roussillon B (R)

桂花蓮藕

材料：蓮藕、桂花醬

調味：糖、蜂蜜、水

口感與風味：蒸過的蓮藕帶有桂花濃郁的香甜風味，口感柔軟甜蜜

適合的葡萄酒：甜的 Loire、香味豐富的氣泡酒

選擇：

Coteaux-du-Layon B+M (R), Champagne brut B+E (C+)
Bonnezeaux B+M (TR), Montlouis demi-sec 和甜的 B+M (TR), Coteaux-de-l'Aubance B+M (TR), Vouvray demi-sec 和甜的 B+M (C-), Clairette du Languedoc B+E (TR), Clairette de Die B+E (TR), Blanquette de Limoux B+E (TR), Quarts-de-Chaume B+M (R)

江浙菜

北京菜

北京菜用各種肉類入菜，常常搭配麵食或餅類，麵類食物會讓肉類菜餚的口味變得比較溫和，所以適合搭配各種葡萄酒和氣泡酒。例如經典的北京烤鴨，適合搭配任何葡萄酒，不管是紅酒、粉紅酒或白酒，甚至香檳。

在紅酒方面，這道菜可以搭配很多葡萄品種、產地的酒；對我來說，我會選擇搭配偏陰的酒，例如 Bourgogne，但有一個例外，這道菜也可挑選偏陽性但是年份較老的紅酒，因為單寧減少後，酒變得比較柔順，香味更明顯，可以搭配這道名菜。北京烤鴨可以滿足每一個人的口味，脆的烤鴨外皮、有口感的肉、餅皮、青蔥、甜的醬汁、湯，絕大部分的法國人都愛極了這道菜。另外，由於台灣環境氣候的不同，如果我在中國北部吃這道菜，就可能會選擇搭配西南部比較濃烈的酒。

北京烤鴨

材料：鴨、麥芽，附餅皮、大蔥及甜麵醬

調味：鹽、水

口感與風味：鴨皮酥脆油亮，肉質鮮美軟嫩，有野禽的特殊風味，醬甜蔥辛微辣

適合的葡萄酒：高級的 Bourgogne 紅酒、粉紅 Champagne、高級很有香味的白酒

選擇：

Romanée-Conti grand cru R (R), Champagne rosé grand cru 年份香檳 Ré+E (C+)
La Tâche grand cru R (R), La Romanée grand cru R (R), Richebourg grand cru R (C-), Romanée Saint-Vivant grand

cru R (C-), Grands Echezeaux grand cru R (C-), Echezeaux grand cru R (R), La Grande Rue grand cru R (TR), Nuits-Saint-Georges R (C-), Vosne-Romanée R (C+)和premier cru (C-), Vougeot R (C+), Clos Vougeot R (C-), Chambolle-Musigny R (C+)和premier cru R (C-), Musigny grand cru R (C-), Bonnes-Mares grand cru R (C+), Guigal酒莊的 La Mouline和La Turque和La Landonne 最少10年R (C+) R (C+), Bellet R (TR), Joguet酒莊的老年份Chinon酒 R (TR),老年份Saumur-Champigny R (R), Collioure R (TR), Pécharmant R (TR), Cahors R (C-), Marcillac R (TR), 老Juliénas R (TR),老Moulin-à-Vent R (TR),老Morgon R (TR), Maury R+M (R), Rasteau R+M (TR), Château-Chalon B (TR), Corton-Charlemagne grand cru B (C+), Montrachet grand cru B (C+), Bâtard-Montrachet grand cru B (C+), Champagne Salon B (TR)

醬大蹄

材料：帶皮豬腿肉、薑、滷包

調味：醬油、米酒、糖、五香粉

口感與風味：蒸滷得軟彈豐厚脂香，口感細嫩滿足。沒有醬汁時口味偏甜，淋上醬汁時，增加甜味和藥膳風味

適合的葡萄酒：沒有醬汁時可搭干的白酒，搭配濃稠醬汁時可選干的粉紅酒

選擇：

Meursault B (C+), Côtes-de-Provence Ré (C+)
Jasnières B (R), Coteaux-du-Loir B (R), Savennières B (R), Alsace 區 Pinot Gris 葡萄 B (C+), Alsace 區 Pinot Blanc 葡萄 B (R), Champagne Ré+E (C+), Côtes-du-Jura Ré (TR), Pouilly-sur-Loire B (TR), Sancerre Ré (TR), Rosé de Loire Ré (R), Côtes-de-Duras Ré (R)

京醬肉絲

材料：豬里肌、青蔥、雞蛋、蒜末

調味：甜麵醬、醬油、米酒、糖、水、太白粉

口感與風味：青蔥的微辣與微甜的醬料，口感柔美

適合的葡萄酒：味道淡至中間的紅酒、有果類香味的粉紅酒

選擇：

Chorey-Lès-Beaune R (C-), Savigny-

Lès-Beaune R (C+)

Auxey-Duresses R (C-), Bourgogne Passetoutgrain R (C-), Beaune R (C+), Mercurey R(C+), Mâcon-Supérieur R (C-), Saint-Aubin R (C-), Rully R (C+), Champagne Ré+E (C+), Alsace 區 Pinot Noir 葡 萄 R (TR), Menetou-Salon R (C-), Fleurie R (R), Juliénas R (C-), Bourgueil R (TR), Saumur-Champigny R (C-), Bandol Ré (TR), Rosé des Riceys Ré (TR), Coteaux-du-Loir Ré (R), Marsannay Ré (TR)

 ## 九轉肥腸

材料：豬大腸、蒜、薑、紅辣椒、蔥、香菜、八角

調味：醬油、糖、酒、香油、胡椒粉、鹽

口感與風味：肥腸軟彈有口感，內臟、酸酸甜甜的醬汁大腸特有的腐植土味道

適合的葡萄酒：紅酒、粉紅酒、很有個性的干白酒

選擇：

Vin Jaune B (R), Canon-Fronsac R (C-)

Cahors R (C-), Fronton R (R), Fronsac R (C-), Saint-Emilion 和它的 grand cru

R (C+), Pomerol R (C+), Lalande-de-Pomerol R (C-), Château l'Evangile R (C+), Château La Conseillante R (C+), Château Trotanoy R (C-), Vieux-Château-Certan R (C-), Condrieu B (R), Alsace 區 Riesling 葡萄和 Alsacc grand cru B (C-), l'Etoile B (TR), Tavel Ré (C-), Coteaux-du-Loir 區 Pineau d'Aunis 葡萄 Ré (R), Sancerre Ré (TR), Saint-Pourçain Ré (TR), Châteaumeillant Ré (TR), Château-Chalon B (TR)

二 它似蜜

材料：羊里肌、薑末、洋蔥

調味：甜麵醬、醬油、老抽、米酒、糖、白醋、香油、太白粉、水

口感與風味：羊肉軟嫩，洋蔥香甜，醬料甜甜鹹鹹微酸

適合的葡萄酒：味道中間至濃且成熟的紅酒

選擇：

Givry R (C-),老年份的Saumur-Champigny R (R)

Mercurey R (C+), Maranges R (C-), Santenay R (C+), Blagny R (C-), Auxey-Duresses R (C+), Monthélie R (C-), Volnay R 和 Volnay premier cru R (C+),

Pernand-Vergelesses R (C-), Corton R (C+), Côte-de-Beaune-Villages R (C+), Côtes-de-Nuits-Villages R (C+), Nuits-Saint-Georges 和 Nuits-Saint-Georges premier cru R (C+), Vosne-Romanée R (C+), Vougeot R (C+), Gevrey-Chambertin R (C+), Chambertin grand cru R (C+), Charmes-Chambertin grand cru R (C+), Moulis R (C-)

合菜戴帽

材料：蛋、豬肉絲、豆干、銀芽、韭黃、蒜頭、香菜

調味：鹽、糖、酒、太白粉

口感與風味：蛋香及蔬菜青脆的口感

適合的葡萄酒：干的白酒

選擇：

Coteaux-du-Loir B (R), Bourgogne B (C+)
Bourgogne區Aligoté葡萄B (C-), Saint-Bris B (TR), Mâcon B (C+), Crémant de Bourgogne B+E (R), Crémant de Loire B+E (R), Crémant du Jura B+E (R), Picpoul-de-Pinet B (TR), Clairette du Languedoc B+E (TR), Seyssel mousseux B+E (TR), Chignin-Bergeron B (TR), Saint-Véran B (TR), Alsace區Sylvaner葡萄B (R), Alsace區Pinot Gris葡萄B (C-), Petit Chablis和Chablis B (C-)

酸辣津白菜

材料：津白、山藥、花生、香菇、紅辣椒、青蒜、花椒

調味：鹽、白醋、醬油、糖、水

口感與風味：涼拌蔬菜清涼爽脆的口感，醋味濃、辣

適合的葡萄酒：很濃的白酒和粉紅酒

選擇：

Tavel Ré (C-), Condrieu B (R)
Bandol Ré (TR), Cassis Ré (TR), Bandol B (TR), Bellet B (TR), Patrimonio B 和 Ré (TR), Jurançon sec 干白酒 B (R), Pacherenc-du-Vic-Bilh sec 干白酒 B (TR), Alsace 區 Riesling 葡萄 B (C+), Château-Grillet B (TR), Crozes-Hermitage B (C-), Hermitage B (R), Côtes-du-Rhône B (C-), Daumas-Gassac B (TR), Côtes-du-Roussillon-Villages Ré (R), Minervois B (R), Faugères B 和 Ré (R)

御膳烤方

材料：帶皮豬五花、蔥、薑、八角、花椒

調味：紅麴、醬油、紹興酒、糖、

水

口感與風味：豬五花燉煮得肥美濃郁，紅麴特殊的發酵香味

適合的葡萄酒：高級有水果香味的紅酒

選擇：

Vosne-Romanée 和 Vosne-Romanée grand cru R (C+), Morgon R (C-)
Chambolle-Musigny R (C+), Chambolle-Musigny premier cru R (C+), Bourgogne-Hautes-Côtes-de-Nuits R (C-), Corton R (C+), Aloxe-Corton R (C+), Pernand-Vergelesses 和它的 premier cru R (C+), Chorey-Lès-Beaune R (C-), Savigny-Lès-Beaune R (C+), Côte-de-Brouilly R (R), Moulin-à-Vent R (R), Côtes-de-Castillon R (C-), Montagne-Saint-Emilion R (C-)

蔥油餅

材料：蔥、麵粉、豬油

調味：鹽、水

口感與風味：蔥與豬油的香氣，口感軟彈

適合的葡萄酒：有植物或果類香味的白酒

選擇：

Sancerre B (C-), Jasnières B (R)
Coteaux-du-Loir B (R), Chignin-Bergeron B (TR), Quincy B (TR), Viré-Clessé B (TR), Touraine B (C-), Languedoc區 Muscat干白酒 B (TR), Alsace區Muscat 干白酒B (R), Champagne Blanc de Blancs B+E (C-), Crémant de Loire B+E (R), Graves B (C+), Château Couhins-Lurton grand cru B (C+), Château Carbonnieux grand cru B (C+), Entre-Deux-Mers B (C-), Côtes-de-Bordeaux Saint-Macaire B (R), Graves-de-Vayre sec 干白酒B (R), Côtes-de-Blaye B (C-)

 ## 木須炒餅

材料：蔥油餅、豬肉絲、木耳、紅蘿蔔、高麗菜、洋蔥、蛋皮、蔥

調味：醬油、鹽、白胡椒粉、水、香油

口感與風味：肉絲軟嫩，蔬菜脆甜，蔥油餅柔軟有彈性，有鑊氣

適合的葡萄酒：比較酸的白酒、干的粉紅酒、淡的紅酒

選擇：

Sancerre B (C-), Marsannay Ré (TR)
Alsace 區 Pinot Gris 葡萄和 Riesling 葡萄 B (C-), Savoie 區 Roussette 葡萄 B (TR), Chignin-Bergeron B (TR), Quincy B (TR), Cheverny B (TR), Coteaux-du-Giennois B (TR), Menetou-Salon B (R), Reuilly B (TR), Saint-Pourçain B (TR), Bourgogne B 和 R (C+), Touraine 區 Gamay 葡萄 R (R), Moulin-à-Vent R (R), Brouilly R (R), Juliénas R (R), Côtes-d'Auvergne（Chanturgue 和 Boudes 區）R (TR), Côtes-du-Jura 區 Chardonnay 葡萄 B (R), l'Etoile B (TR)

選擇：

Pommard 和 Pommard premier cru R (C+), Côtes-du-Jura 區 Poulsard 葡萄 Ré (TR)
Marcillac R (TR), Savoie 區 Mondeuse 老藤 R (TR), Cahors R (C-), Fronton R (R), Coteaux-du-Loir 區 Pineau d'Aunis 葡萄 R (TR), Chinon 老藤 R (R), Alsace 區 Ottrott 村莊 Pinot Noir 葡萄 R (TR), Patrimonio R (TR), Madiran 區 Tannat 葡萄 R (R), Irouléguy R (TR), Morgon R (C-), Juliénas R (C-), Bandol Ré (TR), Champagne Ré+E (C+), Marsannay Ré (TR)

酢醬麵

材料：豬絞肉、五香豆干、乾香菇、洋蔥、紅蔥頭、小黃瓜、蔥、麵

調味：鹽、甜麵醬、豆瓣醬、蠔油、米酒、糖、白胡椒粉、水

口感與風味：酢醬鹹中帶著甜甜的風味，小黃瓜增加清脆的口感，更為清爽

適合的葡萄酒：從水果香至有腐植土壤香味的紅酒、很濃的粉紅酒

紅燒牛肉

材料：牛肋條、洋蔥、紅蘿蔔、小白菜、紅辣椒、大蒜、薑、蔥、滷包

調味：辣豆瓣醬、黑豆瓣醬、醬油、米酒、胡椒粉

口感與風味：牛肉的香味，有嚼勁，近尾韻微辣

適合的葡萄酒：濃的紅酒、濃的粉紅酒

北京菜

選擇：

Cornas R (C-), Madiran 區 Tannat 葡萄 R (R)

Côte-Rôtie R (C-), Saint-Joseph R (R), Hermitage R (R), Lirac R (R), Châteauneuf-du-Pape R (C+), Gigondas R (C-), Vacqueyras R (R), Côtes-du-Ventoux R (R), Cahors R (C-), Côtes-du-Roussillon-Villages R (C-), Coteaux du Languedoc R 和 Ré (C-), Saint-Chinian R (C-) 和 Ré (R), Minervois R (C+) 和 Ré (C-), Costières-de-Nîmes R (C-) 和 Ré (R), Corbières R (C+) 和 Ré (C-), Fitou R (C-), Graves 和 Graves cru R (C+), Médoc , Haut-Médoc 和 Haut-Médoc cru R (C+), Pomerol R (C+), Saint-Emilion 和 Saint-Emilion cru R (C+)

廣東菜

廣東菜可以說是美食中的美食！因為口味偏甜，通常很適合搭配白酒。一般口味溫和，極精緻可口，可搭配的葡萄酒款選擇很多，特別搭配香檳和 Crémant。廣東料理除了非常搭配多款白酒，也很適合搭配 Bourgogne 產區的紅白酒和高級的氣泡酒、Loire 的白酒和紅酒，Alsace 的白酒也都很適合。

經過多次試菜後，我發現最搭配紅酒的菜是東北菜，廣東菜居然是第二位。廣東菜系是如此豐富和多樣化，應該要有一本專門搭配廣東菜和葡萄酒的書，這也是我未來的計畫之一。

三寶拼盤：

叉燒、油雞、烤鴨

材料：豬頸肉、雞肉、鴨肉

調味：麥芽糖、醬油；米酒、蔥、薑、紅蔥頭、鹽；蜂蜜、米酒、白醋

口感與風味：叉燒甜香，油雞軟嫩，烤鴨皮脆有口感，把三種肉質的風味表現到極致

適合的葡萄酒：很有香味的細緻的紅酒、高級的粉紅氣泡酒

選擇：

Chambolle-Musigny 和 premier cru R (C+), Champagne Blanc de Noirs grand cru brut B+E (C-)
Pommard 和 premier cru R (C+), Chambertin 和其他的 grand cru R (C+), Gevrey-Chambertin R (C+), Graves 和 Graves grand cru B (C+), Saumur R (C-), Saint-Amour R (TR), Fleurie R (R), Saumur-Champigny R (C-), Anjou 區 Gamay 葡萄 R (C-)

Gigondas R (C-), Vacqueyras R (R)

 北菇鵝掌煲

材料：乾冬菇、鵝掌、金華火腿、美生菜、大蔥、蒜、太白粉

調味：醬油、蠔油、雞高湯、酒、糖、鹽

口感與風味：冬菇芳香、脆脆的又有彈性，鵝掌像果醬般軟滑又有扎實的口感，醬汁豐足滑口微甜，尾韻有一抹香菇的木質香味

適合的葡萄酒：香味豐富的粉紅酒、有果類香味的紅酒、有木頭香的紅酒

選擇：

Coteaux-du-Loir Ré (R), Médoc cru bourgeois R (C+)
Bandol Ré (TR), Côtes-de-Provence Ré (C+), Rosé du Cerdon Ré+EM (TR), Champagne Ré+E (C+), Bordeaux Ré (C-), Crémant de Bourgogne Ré +E (R), Crémant du Jura Ré+E (R), Côtes-de-Castillon R (R), Saint-Amour R (TR), Fleurie R (R), Saumur-Champigny R (C-), Anjou 區 Gamay 葡萄 R (C-), Savoie 區 Mondeuse 葡萄 R (TR), Marcillac R (TR), Fitou R (C-), Côtes-du-Roussillon R (R),

脆皮吊燒雞

材料：雞、麥芽糖、蔥、薑、蒜

調味：白醋、鹽、醬油、生抽、南乳、五香粉

口感與風味：外皮油亮酥脆，雞肉嫩又有口感，剛入口時有雞肉和糖的味道，之後有一點點酸味，最後雞肉的味道又會再次出現

適合的葡萄酒：酒體中度細緻的紅酒、高級的氣泡酒

選擇：

Clos-des-Lambrays grand cru R (C-) , Champagne Blanc de Noirs grand cru brut B+E (C-)
Santenay 和 premier cru R (C-), Auxey-Duresses R (C-), Clos-de-la-Roche grand cru R (C+), Volnay 和 premier cru R (C+), Chénas R (TR), Champagne grand cru 和 premier cru Blanc de Noirs B+E (C+), Alsace 區 Pinot Noir 葡萄 R (TR), Sancerre R (TR)
如果沾甜的醬汁，可搭配：Cabernet d'Anjou Ré+M (TR), Rosé des Riceys Ré

(TR), Rosé du Cerdon Ré+EM (TR)

 鹹魚雞粒豆腐煲

材料：鹹魚、雞腿肉、蛋豆腐、
蒜末、紅蔥頭、薑末、青蔥、香
菜

調味：醬油、糖、酒、地瓜粉、
醬油、胡椒粉、雞高湯

口感與風味：蛋豆腐滑嫩可口入
味，雞肉軟嫩，鹹魚風味強烈、
香鹹

適合的葡萄酒：味道淡的紅酒、
粉紅酒、有香味的白酒

選擇：

**Saint-Amour R (TR), Champagne Ré
(C+)**

Fleurie R (R), Chiroubles R (TR), Brouilly R
(R), Anjou R (R), Anjou 區 Gamay 葡萄 R
(R), Saumur R (R), Bourgueil R (TR), Saint-
Nicolas-de-Bourgueil R (TR), Coteaux-
d'Ancenis R (TR), Alsace 區 Riesling 葡
萄 grand cru B (C+), Pinot Gris 葡萄 grand
cru B (C-), Heiligenstein 區 Klevner 葡萄
B (TR), Vin Jaune B (R), l'Etoile B (TR),
Coteaux-du-Loir B (R), Saint-Péray B (TR)

避風塘沙蝦搭配
干貝粥

材料：沙蝦、蔥、薑、蒜、紅辣
椒、麵包粉、乾干貝、米

調味：鹽、酒、糖、黑糊椒、白
胡椒、香油

口感與風味：沙蝦炸過的濃郁蝦
殼香，大量的辛香料與辣味，口
味豐富飽滿，極有重量感；燉煮
得透徹的粥充滿干貝鮮甜海味香
及煲米香，有效中和避風塘的鹹
重口味

適合的葡萄酒：很濃的白酒、很
濃的粉紅酒

選擇：

**Montrachet grand cru B (C+), Tavel
Ré (C-)**

Chevalier-Montrachet grand cru和其他
酒名有Montrachet的grand cru B (C+),
Coulée-de-Serrant B (TR), Savennières
La-Roche-aux-Moines B (TR), Alsace
區pinot grand葡萄cru B (C-), Alsace區
Gewürztraminer葡萄B (C-), Château La

Tour-Martillac grand cru B (C+), Château Malartic-Lagravière葡萄grand cru B (C+), Château Carbonnieux grand cru B (C+), Hermitage B (R), Champagne grand cru Ré+E (C-), Bandol Ré (TR), Bellet Ré (TR), Coteaux-du-Languedoc Ré (R), Patrimonio Ré (TR)

搭配干貝粥，可選擇：Alsace 區 Riesling 葡萄 B (C+), Alsace 區 Pinot Blanc 葡萄 B (R), Alsace 區 Sylvaner 葡萄 B (R), Jasnières B (R)

Loir B (R), Savennières B (R), Bourgogne B (C+), Meursault B (C+), Saint-Romain B (R), Puligny-Montrachet 和 premier cru B (C+), Alsace 區 Riesling 葡萄 和 grand cru B (C+), Alsace 區 Sylvaner 葡萄 B (TR), Chignin-Bergeron B (TR), Côtes-du-Rhône B (C-), Hermitage B (R), Champagne Blanc de Blanc brut B+E (C+), Crémant du Jura B+E (R), l'Etoile B (TR), Crémant de Loire B+E (R), Saumur mousseux B+E (TR)

金沙蝦球

材料：草蝦仁、鹹蛋黃、花椰菜、蛋、薑、麵粉、太白粉、油

調味：鹽、酒、糖

口感與風味：蝦仁炸過的鮮香味融合鹹蛋黃特有的鹹香，蝦球彈牙裹著沙沙口感的鴨蛋黃，口感非常奇妙

適合的葡萄酒：偏干且有香味的白酒、白氣泡酒

選擇：

Chablis 和 Chablis cru B (C-), Jasnières B (R)
Sancerre B (R), Quincy B (TR), Reuilly B (TR), Pouilly-Fumé B (TR), Coteaux-du-

XO 醬雙脆

材料：水發魷魚、透抽、甜豆、生薑、紅辣椒

調味：XO醬、酒、鹽、白胡椒粉、水

口感與風味：魷魚脆又 Q 彈，透抽彈牙，炒醬有海味尾韻微辣，很香

適合的葡萄酒：香味豐富的白酒、很濃的粉紅酒、中度酒體的紅酒

選擇：

Bellet B (TR), Tavel Ré (C-)
Condrieu B (C-), Montrachet 和其他酒名有

Montrachet 的 grand cru B (C+), Meursault B (C+), Puligny-Montrachet premier cru B (C-), Chassagne-Montrachet premier cru B (C+), Châteauneuf-du-Pape B (R), Coulée-de-Serrant B (TR), Savennières La-Roche-aux-Moines B (TR), Jasnières B (R), Graves 和 grand cru B (C+), Bandol Ré (TR), Côtes-du-Roussillon Ré (C-), Marsannay Ré (TR), Sancerre Ré (TR), La Clape Ré (TR), Collioure Ré (TR), Champagne Ré+E (C+)

Corton-Vergennes grand cru R (C-), Corton R (C-), Aloxe-Corton R (C+), Nuits-Saint-Georges R (C-), Fixin R (C-), Cahors R (R), Marcillac R (TR), Fitou R (C-), Corbières R (C+), Faugères R (C-), Fronton R (R), Cornas 和 Côte-Rôtie 老年份，年份最少 10 年 R (C-), Minervois R (C-), Saint-Chinian R (C-), Château Rausan-Ségla R (C+), Margaux R (C+), Pécharmant R (TR), Collioure R (TR)

乾炒牛肉河粉

材料：牛肉片、河粉、韭黃、蔥、白芝麻

調味：老抽、生抽、糖、鹽、水、香油

口感與風味：牛肉軟嫩，河粉的口感有彈性又極為入味、芝麻香，醬汁微甜

適合的葡萄酒：Bourgogne 的 crus 紅酒、比較好且偏陰的 Bordeaux 紅酒

選擇：

Pommard 和 premier cru R (C+), Château Margaux R (C+)
Corton Clos-du-Roi grand cru R (C-),

廣東炒飯

材料：冷飯、叉燒肉、蛋、蔥、蝦仁、生菜

調味：鹽、白胡椒粉

口感與風味：炒飯粒粒分明剔透不油膩，蛋香鑊氣香

適合的葡萄酒：味道淡的白酒和粉紅酒

選擇：

Beaujolais-Villages R (C-), Touraine 干的 B (R)
Châteaumeillant R (TR), Côtes-Roannaises R (TR), Côtes-du-Forez R (TR), Auvergne 區 Gamay 葡萄 R (TR), Fiefs Vendéens R (TR), Coteaux-d'Ancenis R (TR), Anjou R (R), Touraine B 和 R (C-), Alsace 區 Pinot Noir 葡萄 R (TR), Jura 區 Pinot Noir 葡萄 R (TR), Bourgogne B 和 R (C+),

Alsace 區 Sylvaner 葡萄 B (TR), Pouilly-Loché B (TR), Savoie 區 Roussette 葡萄 B (TR)

 鮮蝦腸粉

材料：蝦仁、腸粉皮、蔥、薑

調味：薄鹽醬油、糖、料酒、香油、白胡椒、水

口感與風味：腸粉皮柔軟滑嫩、內餡的蝦仁鮮脆，薄薄的醬油汁微甜

適合的葡萄酒：氣泡酒、淡的白酒

選擇：

Champagne 區有最多的 Chardonnay 葡萄 B+E (C+), Touraine B (R)
Crémant Jura B (R), Clairette de Die B+E (TR), Crémant Bourgogne B+E (R), Alsace區Sylvaner葡萄B (TR), Alsace區 Pinot Blanc葡萄B (TR), Crépy B (TR), Seyssel mousseux B+E (TR), Gaillac mousseux B+E (TR), Saint-Pourçain B (TR), Montravel B (TR), Montagny B (R), Mâcon和Mâcon-Supérieur B (C-), Chablis B (C-), Saint-Bris B (TR), Bourgogne B (C+), Viré-Clessé B (TR), Rully (C+)和 premier cru B (C-), Saint-Véran B (TR)

蠔油鳳爪

材料：肉雞腳、八角、花椒、豆豉、蔥、薑、紅辣椒

調味：蠔油、醬油、米酒、水、糖、芝麻醬、香油

口感與風味：鳳爪蒸得軟爛有膠質，蠔油的鹹香尾韻微辣

適合的葡萄酒：味道淡的紅酒、干的粉紅酒、有香味的白酒

選擇：

Bourgogne R (C+), Brouilly R (R)
Bourgogne Hautes-Côtes-de-Nuits R (C-), Côtes-de-Beaune-Villages R(C-), Mâcon 和 Mâcon-Supérieur R (C-), Chiroubles R (TR), Fleurie R (R), Saint-Amour R (R), Coteaux-du-Loir R et Ré (R), Bourgueil R (R), Saint-Nicolas-de-Bourgueil R (TR), Côtes-du-Jura 區 Poulsard 葡萄 Ré (TR), Sancerre Ré (TR), Vin de Corse (Corse 的酒) Ré (TR), Patrimonio Ré (TR), La Clape Ré (TR), Côtes-du-Roussillon Ré (TR), Rosé de Loire Ré (TR), Coteaux-du-Languedoc B (R), Graves B (C+), Côtes-du-Rhône B (R), Saint-Péray B (TR), Crozes-Hermitage B (C-)

豉汁排骨

材料：豬小排、豆豉、蔥、薑、
蒜、紅辣椒

調味：鹽、醬油、醬油膏、米酒、
太白粉、水、香油

口感與風味：肉質極軟，有醬香

適合的葡萄酒：酸度高的白酒、
中度酒體至濃的紅酒、白和粉紅
氣泡酒

選擇：

Chablis 和 Chablis cru B (C+), Saint-Emilion 和 Saint-Emilion cru R (C+)
Canon-Fronsac R (C-), Fronsac R (C+), Chambertin 和 其 他 的 grand cru R (C+), Gevrey-Chambertin R (C+), Graves 和 Graves grand cru B (C+), Jasnières B (R), Savennières B (R), Touraine B (C-), Champagne 和 Champagne cru 從 extra-brut B +E (C-) 到 brut (C+) 和 Ré+E (C-), Faugères Ré (TR), Côtes-du-Roussillon Ré (TR), Collioure Ré (TR), Crémant de Bourgogne B et Ré (TR), Marsannay Ré (TR), Bandol R (R)

韭黃炸春捲

材料：豬絞肉、韭黃、香菇、筍
絲、蝦仁、春捲皮

調味：鹽、酒、糖、白胡椒粉、
五香粉、水

口感與風味：春捲皮炸得極為酥
脆，內餡有肉香、韭黃香以及炸
物的油香

適合的葡萄酒：細緻有酸度的白
酒、很干的粉紅酒、氣泡酒

選擇：

Alsace區Pinot Gris葡萄B (C-), Savennières B (R)
Champagne Ré 從 extra-brut +E (TR) 到 brut +E (C-), Crémant du Jura Ré (R), Crémant de Bordeaux Ré (TR), Faugères Ré (TR), Côtes-du-Roussillon 和 Côtes-du-Roussillon-Villages Ré (TR), Bandol Ré (TR), Côtes-de-Provence Ré (C-), Chablis premier cru B (C+), Mâcon 和 Mâcon-Villages B (C+), l'Etoile B (TR), Vin Jaune B (R), Viré-Clessé B (R), Pouilly-Fuissé B (R), Saint-Véran B (TR), Rhône 區 Viognier 葡萄 B (R), Jasnières B (R)

廣 東 菜

荔香炸芋角

材料：芋泥、豬油、澄粉、小蘇打、太白粉

調味：鹽、糖、白胡椒粉、五香粉、香油

口感與風味：炸得鬆酥的外皮、有空氣感，口感非常特別，芋泥香甜可口，微鹹微甜

適合的葡萄酒：酸度高的白酒、干的粉紅酒、干的氣泡酒

選擇：

Jasnières B (R) , Graves B (C+)
Champagne extra-brut Ré +E (C-), Crémant du Jura B和Ré+E (R), Crémant de Bordeaux B和Ré+E (TR), Crémant de Bourgogne B和Ré+E (TR), Chignin-Bergeron B (TR), Sancerre B (R), Coteaux-du-Loir B (R), Jurançon moelleux干白酒B (R), Pacherenc-du-Vic-Bilh moelleux干的B (TR), Gaillac干的B (TR), Gris de Toul Ré (TR), Blanquette de Limoux B+E (TR), Languedoc區Muscat干白酒B (TR)

叉燒包

材料：叉燒肉、低筋麵粉、泡打粉

調味：蠔油、醬油、豬油、糖、水、香油

口感與風味：麵皮軟綿甜，內餡的叉燒肉鹹中帶甜，餘味偏甜的

適合的葡萄酒：有香味的粉紅酒、味道淡至中度酒體的紅酒、氣泡酒

選擇：

Champagne 和 Champagne cru Ré +E (C-), Volnay R (C+)
Côte-de-Brouilly R (R), Juliénas R (R), Moulin-à-Vent R (R), Régnié R (TR), Chinon R (C-), Bourgueil R (R), Saumur R (R), Saumur-Champigny R (R), Crémant de Bordeaux Ré (TR), Bourgogne R (C+), Côtes-de-Beaune R (C+), Bourgogne Passetoutgrain R (C-), Coteaux-du-Loir Ré (R), Rosé de Loire Ré (TR), Sancerre Ré (TR)

荷葉糯米雞

材料：乾燥荷葉、長糯米、雞肉、乾香菇、蝦仁

調味：鹽、糖、白胡椒粉、水、香油、醬油

口感與風味：糯米黏稠有口感，雞肉蝦仁的鮮甜味，淡淡細緻的荷葉香

適合的葡萄酒：味道中間細緻的紅酒、味道中間細緻的白酒

選擇：

Volnay 和 premier cru R (C+), Alsace 區 Pinot Gris 葡萄 B (C+)

Santenay 和 premier cru R (C-), Fleurie R (R), Saint-Amour R (TR), Anjou R (R), Bourgueil R (TR), Saint-Nicolas-de-Bourgueil R (TR), Menetou-Salon R (R), Bouzy R (TR), Bourgogne R (C+), Beaune R (C+), Côtes-de-Beaune R (C+), Bourgogne B (C+), Bourgogne-Aligoté-Bouzeron B (TR), Montagny B (R), Alsace 區 Muscat 干 白 酒 B (R), Muscadet de Sèvre-et-Maine-sur-lies B (R), Jasnières B (R)

廣 東 菜

四川菜

四川菜通常用很多辛香料入菜，以麻辣聞名。對我來說，它的辣味限制了菜色在香味上的變化，所以大多搭配在香味和酒體架構上比較強烈的酒。例如法國南部很濃的白酒、Provence、西南部、Bordeaux 產區、Languedoc 產區、Roussillon 產區的葡萄酒，最能襯托四川菜的特色。

另外，我個人也會選擇甜白酒來搭配，因為甜味會中和食物的辣味，讓菜餚的味道釋出。

蒜泥白肉

材料：豬五花、大蒜、紅辣椒

調味：醬油

口感與風味：豬肉油脂的香味，辛香及醬油香

適合的葡萄酒：香味濃郁的白酒、氣泡酒

選擇：

Puligny-Montrachet 和 premier cru B (C+), Jasnières B (R)

Savennières B (R), Bourgogne B (C+), Mâcon和Mâcon-Villages B (C+), Sancerre B (R), Bandol B (TR), Cassis B (TR), Palette B (TR), Alsace 區Gewürztraminer葡萄和grand cru B (C+), Patrimonio B (TR), Bergerac B (C-), Côtes-de-Duras B (C-), Gaillac 干白酒B (TR), Tursan B (TR), Côtes-du-Roussillon和Côtes-du-Roussillon-Villages B (R), Coteaux-du-Languedoc B (R), Daumas-Gassac B (TR), Champagne 和它的cru B+E從extra-brut (C-)到 brut (C+), Crémant d'Alsace B+E (TR), Crémant de Bourgogne B+E (TR), Condrieu B (R)

乾煸四季豆

材料：四季豆、豬絞肉、大蒜、薑末、紅辣椒

調味：醬油、生抽、水、糖

口感與風味：四季豆炸過的軟潤口感、滋味集中，濃郁辛香及醬油香，微辣

適合的葡萄酒：味道淡但香味濃郁且酸度高的白酒

選擇：

Quincy B (TR), Mâcon 和 Mâcon-Villages B (C+)
Muscadet 和 Muscadet-de-Sèvres-et-Maine B (R), Crémant d'Alsace B+E (TR), Alsace 區 Sylvaner 葡萄 B (TR), Reuilly B (TR), Cheverny B (TR), Cour-Cheverny B (TR), Montlouis mousseux brut B+E (TR), Touraine B (R), Chablis B (C+), Côtes-du-Jura 區 Chardonnay 葡萄 B (TR), Arbois 區 Chardonnay 葡萄 B (TR), Arbois-Pupillin 區 Chardonnay 葡萄 B (TR), Vin du Bugey（Bugey 的酒）B (TR), Jongieux B (TR)

麻婆豆腐

材料：板豆腐、豬絞肉、蔥花、薑末、蒜末、花椒粒

調味：醬油、糖、辣豆瓣、花椒粉、水、太白粉

口感與風味：香辣麻，豆腐軟滑

適合的葡萄酒：濃郁的白酒

選擇：

Vin jaune B (R), Côtes-du-Rhône B (C-)
Coteaux-du-Languedoc B (C-), Côtes-du-Roussillon-Villages B (C-), Minervois B (C-), Faugères B (C-), La Clape B (TR), Condrieu B (C-), Hermitage B (C-), Crozes-Hermitage B (R), Saint-Péray B (R), Saint-Joseph B (R), Savennières B (R), Coulée-de-Serrant B (TR), Viré-Clessé B (R), l'Etoile B (TR), Alsace 區 Gewürztraminer 葡萄和 grand cru B (C-), Heiligenstein 區 Klevner 葡萄 B (TR), Côtes-du-Jura 區 Savagnin 葡萄 B (TR)

 ## 宮保雞丁

材料：雞胸肉、乾辣椒、花椒粒、蔥、大蒜、紅辣椒、花生粒

調味：醬油、糖、辣椒醬、白醋、香油、水、太白粉

口感與風味：雞肉軟嫩彈牙的口感，配上辛香、醬油香及麻辣香

適合的葡萄酒：濃烈的白酒、濃郁的香檳

選擇：

Champagne grand cru Blanc de Noirs extra brut B+E (R) 到 brut B+E (C+), Corton-Charlemagne grand cru B (C+)
Vintage Champagne B+E (C-), Champagne 區 Arbane 葡萄 Domaine Moutard B+E (R), Jasnières B (R), Savennières 和 Savennières La-Roche-

aux-Moines B (R), Coulée-de-Serrant B (TR), Châteauneuf-du-Pape B (R), Alsace 區Pinot Gris葡萄和Riesling葡萄grand cru B (C+)

宮保魷魚

材料：泡發魷魚、乾辣椒、花椒粒、大蒜、紅辣椒、花生粒、蔥

調味：醬油、糖、番茄醬、烏醋、水、太白粉

口感與風味：辣、海鮮的香味，有彈性的魷魚，有爆炒的鑊氣

適合的葡萄酒：有香味的白酒、有香味的粉紅酒

選擇：

Condrieu B (C-), Champagne brut Ré +E (C-)
Bandol Ré (TR), Côtes-de-Provence Ré (C-), Côtes-du-Roussillon Ré (TR), Savennières B (R), Jasnières B (R), Touraine-Amboise B (R), Saumur B (TR), Rully B (C-), Montagny B (C-), Puligny-Montrachet 和 premier cru B (C+), Meursault B (C+), Pouilly-Fuissé B (R), Alsace區Riesling葡萄和grand cru (C+), Crémant d'Alsace B+E (TR), Muscadet 和 Muscadet-de-Sèvre-et-Maine B (R), Sancerre B (R), Tursan B (TR)

⬤ 五更腸旺

材料：豬大腸頭、鴨血、花椒粒、乾辣椒、八角、薑末、大蒜、蒜苗、酸菜

調味：醬油、辣豆瓣、蠔油、烏醋、辣油、高湯、太白粉

口感與風味：果醬般的口感，豬血、內臟的香味，麻辣燙

適合的葡萄酒：有鄉村個性的紅酒、偏酸的白酒

選擇：

Coteaux-du-Loir 區 Pineau d'Aunis 葡萄 R (R), Chablis B (C+)
Savoie 區 Mondeuse 老 藤 R (R), Côtes-du-Jura 區 的 Trousseau 葡 萄 R (TR), Madiran 區 Tannat 葡萄 R (R), Irouléguy R (TR), Villars-sur-Var 區 Folle Noire 葡萄 R (TR), Alsace 區 Ottrott 村莊 Pinot Noir 葡萄 R (TR), Cairanne R (TR), Rasteau R (R), Vin de Corse（Corse 的酒）R (TR), Marcillac R (TR), Sancerre B (R), Reuilly B (TR), Quincy B (TR), Champagne extra-brut B+E (C-), Graves B (C+)

香根牛肉

材料：牛肉絲、香菜、五香豆干、紅辣椒

調味：醬油、鹽、酒、白胡椒、水

口感與風味：牛肉及香菜的香味，豆干吸滿肉的香和辣

適合的葡萄酒：紅酒、很濃的粉紅酒

選擇：

Côte-Rôtie R (C-), Madiran 區 Tannat 葡萄 (TR)

Guigal酒莊的La Landonne, La Mouline, La Turque 年份老一點的（最少10年）R (C+), Cornas R (C+), Côtes-du-Rhône R (C+), Château Pétrus R (C+), Château La Conseillante R (C+), Château Trotanoy R (C+), Château l'Eglise-Clinet R (C+), Château Lafite-Rothschild premier cru, Château Latour premier cru R (C+), Château Mouton-Rothschild premier cru R (C+), Château Margaux premier cru R (C+), Château Haut-Brion premier cru R (C+), Médoc cru bourgeois R (C+), Bordeaux和Bordeaux-Supérieur R (C+), Daumas-Gassac R (TR), Champagne Ré 和Champagne cru Ré+E (C-), Côtes-du-

 回鍋肉

材料：豬五花、黃豆干、高麗菜、蒜苗、大蒜、紅辣椒

調味：醬油、辣豆瓣醬、糖、酒、水

口感與風味：豬軟香，蔥脆香，微辣微甜

適合的葡萄酒：很濃的粉紅酒、味道中間的紅酒、很濃的白酒

選擇：

Condrieu B (C-), Tavel Ré (C-)

Patrimonio Ré (TR), Côtes-du-Roussillon Ré (R), Bandol Ré (TR), Champagne Ré 和 Champagne cru Ré+E (C-), Hermitage B (C-), Crozes-Hermitage B (C-), Château Grillet B (TR), Graves 和它的 cru B (C+), Daumas-Gassac B (TR), Château-Chalon B (R), Vin Jaune B (R), Vacqueyras R (C-), Gigondas R (C-), Saumur-Champigny R (R), Chinon R (C-), Fitou R (C-), Marcillac R (TR), Médoc cru bourgeois R(C+)

魚香茄子

材料：豬絞肉、茄子、蒜頭、蔥、
紅辣椒

調味：醬油、糖、香油、太白粉、
水

口感與風味：茄子軟滑，辛香及
醬油香

適合的葡萄酒：很濃的粉紅酒、
酒體中度至濃烈的紅酒、香味濃
郁的白酒

選擇：

**Médoc 列級酒莊（五大酒莊除外）R
(C+), Bandol Ré (TR)**
Condrieu B (C-), Hermitage B (C-), 干
Jurançon sec B (R), Givry 和 premier cru
B (C-), Puligny-Montrachet 和 premier
cru B (C+), Graves 和它的 cru B (C+),
Daumas-Gassac B (TR), Château-Chalon
B (R), Vin Jaune B (R), Tavel Ré (C-),
Patrimonio Ré (TR), Côtes-du-Roussillon
Ré (R), Bandol Ré (TR), Champagne Ré
和 Champagne cru Ré+E (C-), Savoie
區 Mondeuse 葡萄 R (R), Marcillac R
(TR), Collioure R (TR), Fitou R (C-),
Coteaux-du-Languedoc R (C+), Côtes-
du-Roussillon-Villages R (C-)

東北菜

東北菜可以搭配紅酒和粉紅酒的比例比其他菜系高，因為東北菜的肉類料理實在非常精彩，同時大部分的菜也非常適合白酒。這並不奇怪，由於地理位置的關係，中國東北嚴寒的冬季使得東北菜不像南方菜來得精緻，但是吃在嘴中卻非常容易感受到它的熱情。

在台灣，冬天吃東北菜最棒，因為東北菜裡有大量的麵食：包子、餃子、餅類、湯麵、乾麵等等，尤其是麵食中混合豬肉，麥子做的麵食會使肉的口感比較軟，同時緩和了原來的肉味，所以不需選擇很濃的紅酒，搭配白酒最適合不過。當然，東北菜中也有用牛肉入菜，這時就要選擇比較濃的紅酒了。

🍴 羊肉凍

材料：羊肉、豌豆粉、大蔥、薑

調味：鹽、羊肉高湯、醬油、糖、酒

口感與風味：如果凍般爽涼口感，羊肉濃郁的甜香搭配辛辣的大蔥，美味可口

適合的葡萄酒：香味濃郁的甜白酒、有水果香的紅酒、粉紅酒

選擇：

Maury R+M (R), Cabernet d'Anjou Ré+M (TR)
Rosé du Cerdon Ré +EM (TR), Rosé des Riceys Ré (TR), Champagne Ré+ E (C+), Saint-Amour R (TR), Fleurie R (R), Bourgogne R (C+), Bourgogne-Villages R (C+), Mâcon (C-) 和 Mâcon-Supérieur R (C-), Volnay R (C+), Savigny-Lès-Beaune R (C+), Chambolle-Musigny R (C+), Marsannay Ré (TR), Anjou R (R), Saumur-Champigny R (C-), Bourgueil R (TR), Côtes-de-Provence Ré (C+), Bandol Ré (TR), Bellet Ré (TR), Rasteau vin doux naturel R+M (TR)

醬牛肉

材料：牛腱、八角、滷包、蔥、薑

調味：醬油、冰糖、酒、五香粉、鹽

口感與風味：牛腱肉與醬油辛香料等小火燉煮融合後的醬肉香

適合的葡萄酒：淡的紅酒、Gamay 葡萄品種紅酒、Pinot Noir 葡萄品種紅酒

選擇：

Fleurie R (R), Bourgogne R (C+)
Côtes-de-Nuits-Villages R (C+), Côtes-de-Beaune-Villages R (C-), Mâcon 和 Mâcon-Supérieur R (C+), Bourgogne Passetoutgrain R (C+), Santenay 和 premier cru R (C-), Volnay 和 premier cru R (C+), Saint-Amour R (TR), Chiroubles R (TR), Brouilly R (R), Touraine 區 Gamay 葡萄 R (R) 和 Cot 葡萄 R (TR), Bourgueil R (TR), Saint-Nicolas-de-Bourgueil R (TR), Alsace 區 Pinot Noir 葡萄 R (TR)

醬牛肉捲餅

材料：醬牛肉、大蔥、烙餅

調味：醬牛肉抹醬

口感與風味：餅皮彈牙，抹醬微甜有醬香，大蔥青脆辛辣，牛肉香濃有嚼感，交織成豐富的風味

適合的葡萄酒：很濃的白酒、有水果香味酒體中度至濃烈的紅酒、有濃郁水果香味的粉紅酒

選擇：

Alsace 區 Pinot Gris 葡萄 grand cru B (C-), Meursault B (C+)
Alsace區Riesling葡萄grand cru B (C-), Montrachet grand cru B (C+), Puligny-Montrachet和Puligny-Montrachet premier cru B (C+), Volnay和Volnay premier cru R (C+), Chorey-Lès-Beaune R (C-), Pernand-Vergelesses R (C-), Corton R和Corton Clos-du-Roi grand cru, Corton Vergennes R (C+), Champagne Ré (C-), Bandol Ré (TR), Sancerre Ré TR), Savoie區Mondeuse老藤R (TR), Patrimonio R (TR), Madiran 區Tannat葡萄R (R), Marcillac R (TR)

牛肉餡餅

材料：牛絞肉、蔥、薑、燙麵麵糰

調味：牛高湯、鹽、酒、五香粉、香油

口感與風味：餅皮香脆，牛肉的油脂香味

適合的葡萄酒：味道淡至酒體中度的紅酒、濃的粉紅酒

選擇：

Volnay 和 premier cru R (C+), Mercurey R (C+)

Santenay R (C+), Bourgogne Côte-Chalonnaise R (C-), Marsannay Ré (TR), Rosé du Cerdon Ré+EM (TR), Rosé des Riceys Ré (TR), Cabernet d'Anjou Ré+M (TR), Juliénas R (C-), Fleurie R (R), Bourgueil R (TR), Chinon R (C-), Vin du Haut-Poitou（Haut-Poitou 的酒）R (TR), Pécharmant R (TR), Côtes-du-Marmandais R (TR), Gaillac R (R), Cahors R (C-), Fronton R (R), Champagne Ré+E (C+), Irouléguy R (TR), Chénas R (TR)

蘿蔔絲餅

材料：豬絞肉、蘿蔔絲、蝦皮、蔥、薑、白芝麻、燙麵麵糰

調味：鹽、酒、香油、白胡椒粉、水

口感與風味：白蘿蔔鮮甜兼有胡椒味、鹹和香味，麵皮香酥微甜

適合的葡萄酒：偏干的白酒、很干的粉紅酒

選擇：

Jasnières B (R), Champagne Blanc de Blancs extra-brut 葡萄 B+E (R)

Champagne rosé brut 和 extra brut Ré+E (C-), 西南部的 Ugni 葡萄干白酒 , Bourgogne 和 Bourgogne cru B (C+), Bordeaux 和 crus Graves B (C+), Sancerre B (C-), Jurançon sec 干白酒 B (R), Gaillac 干白酒 B (R), Condrieu B (R), Crozes-Hermitage B (R), Saint-Péray B (TR), Côtes-du-Jura 區 Poulsard 葡萄 Ré (TR), Côtes-de-Provence Ré (C-)

萄R (TR)、Côtes-de-Castillon R (R)

 蒸肉包子

材料：豬絞肉、蔥、薑

調味：鹽、五香粉、醬油、香油

口感與風味：如棉花糖般的軟綿口感，又有白麵粉的香甜，搭配五香豬肉的鹹香風味

適合的葡萄酒：淡的紅酒、有香味的白酒、有香味的粉紅酒

選擇：

Bourgogne R (C+)、Anjou R (C+)
Bourgogne Côte-Chalonnaise R (C-)、Bourgogne Hautes-Côtes-de-Beaune B (C-)、Bourgogne Hautes-Côtes-de-Nuits B (C-)、Bourgogne Passetoutgrain R (C-)、Touraine區Cot葡萄R (TR)、Touraine區Gamay葡萄R (R)、Arbois Ré (TR)、Beaujolais-Villages R (C-)、Bergerac Ré (TR)、Bordeaux Clairet Ré (C-)、Bordeaux Ré (C+)、Bordeaux-Supérieur Ré (C+)、Bordeaux-Supérieur R (C+)、Vin du Haut-Poitou (Haut-Poitou的酒) R (TR)、Saumur R (R)、Rosé de Touraine Ré (C-)、Alsace區Pinot Noir葡萄R (TR)、Pacherenc-du-Vic-Bilh sec 干白酒B (TR)、Mâcon R (C+)、Mâcon-Supérieur R (C-)、Côtes-du-Jura區Pinot Noir葡萄 Ré (TR)、Côtes-du-Jura區Poulsard葡萄 Ré (TR)、Côtes-du-Jura區Trousseau葡

韭黃鍋貼

材料：豬絞肉、韭黃、麵皮、薑末

調味：鹽、酒、五香粉、香油

口感與風味：皮薄酥脆，內餡飽滿多汁，麵皮香，油脂豐富

適合的葡萄酒：Chardonnay 白酒、Chenin 白酒、中度酒體的紅酒、粉紅酒、氣泡酒

選擇：

Corton-Charlemagne grand cru B (C+)、Champagne brut premier 和 grand cru B+E (C+)
Pernand-Vergelesses 和 premier cru R (C-)、Chambolle-Musigny R (C+) 和 premier cru R (C-)、Morey Saint-Denis R (C+)、Clos-de-la-Roche grand cru R (C+)、Bonnes-Mares grand cru R (C+)、Clos-des-Lambrays grand cru R (C+)、Marsannay R 和 Ré (TR)、Chablis 和 Chablis cru B (C-)、Champagne Ré+E (C+)、Coulée-de-Serrant B (TR)、Savennières La-Roche-aux-Moines B (TR)、Crémant d'Alsace B +E (R)、l'Etoile B (TR)

酸菜白肉鍋

材料：豬五花片、自製川丸子、蛋餃、凍豆腐、酸菜、大白菜、紅辣椒

調味：鹽、豬高湯

口感與風味：肉片肥美多汁，酸菜爽脆，溫柔舒爽的天然發酵酸味，尾韻微辣

適合的葡萄酒：有植物香味的干白酒、有水果香味的干白酒

選擇：

Meursault B (C+), Alsace 區 Riesling 葡萄和 Alsace grand cru B (C-)
Pouilly-fumé B (TR), Sancerre B (C-), Menetou-Salon B (TR), Alsace 區 Pinot Gris 葡萄和它的 grand cru B (C-), Coulée-de-Serrant B (TR), Chignin-Bergeron B (TR), Clos de la Péclette B (TR), Viré-Clessé B (R), Savennières B (R), Chassagne-Montrachet B (C+), Puligny-Montrachet B (C+), Rully B (C-), Domaine de Chevalier B (C-), Château Laville-Haut-Brion B (C+), Graves B (C+), Premières-Côtes-de-Bordeaux B (C-)

東北菜

台灣原住民菜

　　原住民菜可以搭配紅酒和很濃的白酒，因為口味比較重，用的香草料比較特殊。

排灣小米捲

材料：小米、醃漬山豬肉

調味：鹽

口感與風味：做法有點像湖州粽子，以小米包覆甜香的醃漬山豬肉燜烤而成，餘味微辣

適合的葡萄酒：有香味的白酒、有香味的干粉紅酒、氣泡酒（crémant 和 clairette）

選擇：

Muscadet de Sèvre-et-Maine B (R), Bourgogne B (C+)
Alsace 區的 Crémant B+E (R), Mâcon 和 Mâcon-Villages B (C-), Crémant du Jura 區 Chardonnay 葡萄 B 或者 Poulsard 葡萄 Ré+E (R), Irouléguy Ré (TR), Crémant de Bourgogne B 和 Ré+E (R), Clairette de Die B+EM (TR), Blanquette de Limoux B+E (TR), Clairette du Languedoc B+E (TR), Ayze B+E (TR), Picpoul-de-Pinet B (TR), Champagne B +E (C+)

涼拌檳榔花

材料：檳榔花、香菜

調味：白醋、橄欖油、紅辣椒、鹽

口感與風味：清脆的檳榔花搭配香味強烈的香菜，微酸微辣，非常開胃

適合的葡萄酒：有香味微酸的白酒

選擇：

Muscadet B (C-), Bordeaux B (C+)
Tursan B (TR), Montravel B (TR), Champagne extra-brut B+E (TR), Alsace 區 Riesling 葡萄 B (C+), Alsace 區 Sylvaner 葡萄 B (R), Coteaux-du-Loir B (R), Bourgogne 區 Aligoté 葡萄 B (C+), Saint-Bris B (TR), Pouilly-sur-Loire B (TR), Coteaux-d'Aix B (TR), Côtes-de-Provence B (C-), Menetou-Salon B (TR), Pouilly-Fumé B(R), Touraine B (C-), Mâcon (C+) 和 Mâcon-Villages B (C-)

山豬小腿
搭辣椒沾醬

材料：山豬小腿肉

調味：辣椒沾醬為辣椒蒜末加水調勻

口感與風味：汁多肉軟包覆薄薄的一層香甜醬汁，微微的炭烤風味

適合的葡萄酒：香味豐富的白酒、粉紅酒、很淡的紅酒

選擇：

Jasnières B (R), Côtes-de-Provence Ré (C+)

Beaujolais-Villages R (C-), Brouilly R (R), Mâcon (C+)和Mâcon-Supérieur R (C-), Bourgogne Passetoutgrain R (C-), Touraine 區Gamay葡萄R (R), Côtes-d'Auvergne R (TR), Savennières B (R), Bourgogne B (C+), Beaune B (C-), Meursault B (C+), Saint-Aubin B (C-), Pouilly-Fuissé B (C-), Viré-Clessé B (TR), Clos de la Péclette B (TR), Bouzy R (TR), Alsace區Ottrott小鄉村Pinot Noir葡萄(TR), Coteaux-du-Loir區Pineau d'Aunis葡萄Ré (R)

搭配辣椒醬時：Tavel Ré (C-), Hermitage B (TR), Crozes-Hermitage B (C-), l'Etoile B (TR), Bandol Ré (TR), Cassis Ré (TR), Bellet Ré (TR), Menetou-Salon R (C-)

酥炸斑鳩

材料：斑鳩

調味：酒、鹽

口感與風味：外皮酥脆，肉質柔軟

適合的葡萄酒：香味豐富的干白酒、淡的紅酒

選擇：

Jurançon Sec 干白酒 B (R), Côtes-du-Rhône B (C-)

Pacherenc-du-Vic-Bilh 干的 B (TR), Gaillac 區 Mauzac 葡萄 B (R), Côtes-du-Jura 區 Chardonnay 葡萄 B (R), Vin Jaune B (R), Morgon R (R), Juliénas R (R), Moulin-à-Vent R (R), Touraine 和 Anjou 區 Gamay 葡萄 R (R), Coteaux-du-Loir 和 Coteaux-du-Vendômois 區 Pineau d'Aunis 葡萄 R (TR), Marcillac R (TR), Alsace 區 Ottrott 小鄉村 Pinot Noir 葡萄 (TR), Côtes-du-Jura 區 Pinot Noir 葡萄 和 Trousseau R (TR), Savoie 區 Mondeuse 葡萄 R (TR)

火烤山豬

材料：山豬肉

調味：辣椒、鹽

口感與風味：外皮微酥，肉感十足又有嚼勁

適合的葡萄酒：中度酒體至濃郁的紅酒、很濃的干白酒

選擇：

Givry R (C-), Saint-Emilion 和所有的 Crus R (C+)

老年份Côte-Rôtie R (C-),老年份Cornas R (C-), Châteauneuf-du-Pape R (C+), Pomerol R (C+), Château Pétrus R (C-), Château l'Evangile R (C+), Château La Conseillante R (C-), Condrieu B (R), Coulée-de-Serrant B (TR), Lalande-de-Pomerol R (C-), Château La Clotte R (R), Corton-Charlemagne grand cru B (C+), Montrachet grand cru B (C+), Chassagne-Montrachet premier cru B (C-), Château-Chalon B (TR), Alsace區Pinot Gris葡萄grand cru B (C-), Champagne Blanc de Blancs和Champagne Chardonnay/Pinot noir的混合, premier 和grand cru B+E (C+), Collioure R (TR), Pécharmant R (TR)

其他

 ## 新疆烤羊肉

材料：羊肉、青椒、乾辣椒、大
蒜

調味：鹽、孜然

口感與風味：羊肉扎實的肉感與
騷香味，孜然特殊的植物辛香

適合的葡萄酒：中度酒體至濃烈
的紅酒

選擇：

**Gevrey-Chambertin R 和 premier cru (C+),
Saint-Emilion 和 Saint-Emilion cru R (C+)**
Fronsac R (C+), Moulis R (C-), Saint-
Julien R (C-), Pauillac R (C+), Graves
和Graves cru R (C+), Coteaux-du-
Languedoc R (C-), Côtes-du-Roussillon
R (R), Madiran區Tannat葡萄R (R),
Irouléguy R (TR), La Landonne, La
Mouline, La Turque (Guigal酒莊) 1999,
2000, 2001, 2003, 2005 R (C+), Côte-
Rôtie R (C-), Cornas R (C-), Patrimonio R
(TR), Daumas-Gassac R (TR), Marcillac
R (TR), Pécharmant R (TR), Bergerac R
(C-), Côtes-de-Duras R (C-), Cahors R
(C-), Saumur-Champigny R (C-), Chinon
R (C-), Joguet酒莊Chinon R (TR),
Chinon老藤R (R)

結語：Bon voyage!（一路順風）

如果您有時覺得本書內容深澀難以下嚥，我的建議是：一點一點的，慢慢的閱讀，當作是對葡萄酒探索的旅程。這是一本先鋒書籍，不期待您一次吞下所有內容。書中有的主題只輕輕帶過，沒有深入探討，有的部分可能犯錯，但是一切總要有個開始。未來的挑戰是嘗試把中國各種菜系單獨搭配法國葡萄酒，同時也應該把法國以外的葡萄酒納入研究的領域。我對台灣人在遭逢束縛破繭而出的能力非常有信心。我的願望是將來能看到台灣在酒菜搭配的美食領域上有自己的精緻文化，讓全世界來台灣的旅客驚豔難忘，這個漫長有趣的旅程，你和我，並肩上路了！

葡萄酒產區譯名對照

中文	法文	中文	法文
阿爾卑斯	Alpes	恭得里奧	Condrieu
阿加修	Ajaccio	柯比耶	Corbières
阿爾薩斯	Alsace	高納斯	Cornas
安茹	Anjou	科西嘉島	Corse
雅馬邑	Armagnac	尼姆丘	Costières-de-Nîmes
歐瓦尼	Auvergne	金丘	Côte-d'Or
邦斗爾	Bandol	呂貝宏丘	Côte-du-Lubéron
班努斯	Banyuls	羅第丘	Côte-Rôtie
巴薩克	Barsac	艾克斯－普羅旺斯丘	Coteaux-d'Aix-en-Provence
貝亞	Béarn	歐夢斯丘	Coteaux-de-l'Aubance
薄酒來	Beaujolais	萊陽丘	Coteaux-du-Layon
波牡－威尼斯	Beaumes-de-Venise	羅亞爾丘	Coteaux-du-Loir
貝雷	Bellet	梭密爾丘	Coteaux-de-Saumur
貝傑哈克	Bergerac	玻－普羅旺斯丘	Coteaux-des-Baux-de-Provence
布隆給特－利慕	Blanquette de Limoux	季安諾娃丘	Coteaux-du-Giennois
夢勒奏	Bonnezeaux	隆格多克丘	Coteaux-du-Languedoc
波爾多	Bordeaux	提卡斯丹丘	Coteaux-du-Tricastin
勃根地	Bourgogne	瓦華丘	Coteaux-Varois
布戈憶	Bourgueil	伯恩丘	Côtes-de-Beaune
比熱	Bugey	聖瑪凱爾－波爾多丘	Côte-de-Bordeaux-Saint-Macaire
布列	Buzet	卡斯提雍丘	Côte-de-Castillon
卡布希耶	Cabrières	夏隆內丘	Côte-Chalonnaise
卡歐	Cahors	夜丘	Côtes-de-Nuits
卡爾瓦多斯	Calvados	馮度丘	Côte-de-Ventoux
卡農－佛朗薩克	Canon-Fronsac	普羅旺斯丘	Côtes-de-Provence
卡西斯	Cassis	聖蒙丘	Côtes-de-Saint-Mont
中央	Centre	馬蒙地丘	Côtes-du-Marmandais
西隆	Cérons	隆河丘	Côtes-du-Rhône
夏布利	Chablis	胡西雍丘	Côtes-du-Roussillon
香檳區	Champagne	布拉伊丘	Côtes-de-Blaye
格里業堡	Château Grillet	布格爾丘	Côtes-de-Bourg
教皇新堡	Châteauneuf-du-Pape	都哈斯丘	Côtes-de-Duras
詩凡爾尼	Cheverny	侏羅丘	Côtes-du-Jura
希儂	Chinon	克羅茲－艾米達吉	Crozes-Hermitage
迪一克雷賀特	Clairette de Die	兩海之間	Entre-Deux-Mers
干邑	Cognac	佛傑爾	Faugères
高麗烏爾	Collioure	菲杜	Fitou
		佛朗薩克	Fronsac
		風東	Fronton
		加雅克	Gaillac
		吉恭達斯	Gigondas

格拉夫	Graves	貝夏蒙	Pécharmant
格拉夫瓦一爾	Graves-de-Vayres	貝沙克－雷奧良	Pessac-Léognan
上伯恩丘	Hautes-Côtes-de-Beaune	聖蘆峰	Pic Saint-Loup
上夜丘	Hautes-Côtes-de-Nuits	玻美侯	Pomerol
上梅多克	Haut-Médoc	普依－芙美	Pouilly-Fumé
艾米達吉	Hermitage	普依－羅亞爾	Pouilly-sur-Loire
依蘆雷姬	Irouléguy	波爾多第一丘	Premières-Côtes-de-Bordeaux
嘉尼耶禾	Jasnières	普羅旺斯	Provence
侏羅	Jura	卡德休姆	Quarts-de-Chaume
居宏頌	Jurançon	昆希	Quincy
拉·克拉普	La Clape	加斯托	Rasteau
拉蘭德－波梅侯	Lalande-de-Pomerol	魯依	Reuilly
隆格多克	Languedoc	隆河	Rhône
里哈克	Lirac	里維撒特	Rivesaltes
里斯塔克	Listrac	候塞特	Rosette
羅亞爾	Loire	胡西雍	Roussillon
羅翰	Lorraine	聖尼古拉－布戈憶	Saint-Nicolas-de-Bourgueil
路比阿克	Loupiac	聖愛美濃	Saint-Emilion
馬貢內	Mâconnais	聖艾斯臺夫	Saint-Estèphe
馬第宏	Madiran	聖喬瑟夫	Saint-Joseph
馬西雅克	Marcillac	聖朱里安	Saint-Julien
瑪歌	Margaux	聖佩雷	Saint-Péray
莫瑞	Maury	松塞爾	Sancerre
梅多克	Médoc	梭密爾	Saumur
蒙內都－沙隆	Menetou-Salon	梭密爾－香比尼	Saumur-Champigny
密內瓦	Minervois	蘇西涅克	Saussignac
蒙巴季亞克	Monbazillac	索甸	Sauternes
蒙路易	Montlouis	莎佛尼耶	Savennières
蒙哈維爾	Montravel	薩瓦	Savoie
摩恭	Morgon	西南區	Sud-Ouest
慕里斯	Moulis	塔維勒	Tavel
蜜斯卡岱	Muscadet	都漢	Touraine
蜜斯卡佛帝	Muscat de Frontignan	都漢－安波瓦思	Touraine-Amboise
蜜斯卡·蘆內	Muscat de Lunel	都漢－麥斯蘭	Touraine-Mesland
蜜斯卡·密爾瓦	Muscat de Mireval	圖爾松	Tursan
蜜斯卡－聖薔蜜內而瓦	Muscat de Saint-Jean-de-Minervois	瓦給哈斯	Vacqueras
歐特歐特	Ottrott	羅亞爾河谷地	Vallée de la Loire
巴雷特	Palette	隆河谷地	Vallée du Rhône
巴替摩尼歐	Patrimonio	科西嘉	Vin de Corse
波雅克	Pauillac	沃恩·侯馬內	Vosne-Romanée
		梧雷	Vouvray

參考書目

- 林裕森，2007，《葡萄酒全書》，積木出版，台灣。

- 陳千浩，2001，《葡萄酒》，品度出版，台灣。

- Audouze F., 2004. *Carnets d'un collectionneur de vins anciens*, Michalon, Paris.

- Bettane et Desseauve, 2000. *Guide du vin*, Editions de la Revue du Vin de France, Paris.

- Bompied J. P., 1995. *La fadeur en Chine*, in Asie, Savourer, Goûter, Presses de l'Université Paris-Sorbonne, Paris, pp.105-108.

- Casamayor P., 2000, *L'école des alliances, Les vins et les mets*, Hachette, Paris.

- Casamayor P., 2005 (2nd edition). *L'Ecole de la dégustation. Le vin en 100 leçons*, Hachette Pratique, Paris.

- Coutier M., 2007. *Dictionnaire de la langue du vin*, CNRS Editions, Paris.

- Fanet J., 2008. *Les Terroirs du vin*, Hachette Pratique, Paris.

- Gilson S., no date. *Arômes & senteurs du vin*, Arsan, Luxembourg.

- Girardot J., 1988. *Myth and Meaning in Early Taoism: the Theme of Chaos (Hundun)*, Three Pines Press, USA.

- Hennion A. et Teil G., *Le goût du vin. Pour une sociologie de l'attention*, In Nahoum-Grappe V. et Vincent O. (dir.), Le goût des belles choses, Editions de la Maison des sciences de l'homme, Paris, pp.111-126.

- Johnson H., Brook S., 2009. *Hugh Johnson's Wine Companion: The Encyclopedia of Wines, Vineyards and Winemakers*, Mitchell Beazley, UK.

- Kamenarovic I., 1995. *Les saveurs dans le système des correspondances*, in Asie, Savourer, Goûter, Presses de l'Université Paris-Sorbonne, Paris, pp.109-117.

* Le Gris M., 1999. *Dionysos crucifié, Essai sur le goût du vin à l'heure de sa production industrielle*, Editions Syllepse, Paris.

* Malnic E., 2010. *Le Nouveau Guide des Vins Bios*, Ed. Sang et Terre, France.

* Maury A.E., 1976. *Soignez-vous par le vin*, Jean-Pierre Delarge, Editeur, Paris.

* Morel F., 2008. *Le vin au naturel*, Editions Sang de la Terre, Paris.

* Parker R., 2008. *Wine Buyers 6th Edition*, Simon and Schuster, USA.

* Peynaud E. & Blouin J., 2006, *Le goût du vin*, Dunod, Paris.

* Pivot B., 2006. *Dictionnaire amoureux du vin*, Plon, Paris.

* Poussier O., 2010. *Les meilleurs vins de France*, Marie-Claire Album S.A., Paris.

* A. Ségelle, M. Chassang, 1992. *Connaître les vins de France*, Editions Jean-Paul Gisserot, Paris.

* A. Ségelle, Droulhiole M., 1990. *Les 100 clés du bon vin*, Guide Marabout, Paris.

* A. Ségelle, M. Chassang, 1992. *Connaître les vins de France*, Editions Jean-Paul Gisserot, Paris.

* Teil G., 2004. *De la coupe aux lèvres, Pratique de la perception et mise en marché des vins de qualité*, Editions Octares, Toulouse.

* Timbert D., 2007. *Quel plat autour d'un vin?*, Presse Vie Quotidienne, Reims.

LOHAS・樂活

喝法國葡萄酒搭台灣美食

2014年12月初版　　　　　　　　　　　　　　　　定價：新臺幣270元

有著作權・翻印必究

Printed in Taiwan.

著　　者	唐	一		安
	Serge Dreyer			
譯　　者	孫			蒂
發 行 人	林	載		爵

出　版　者	聯經出版事業股份有限公司	叢書主編	林	芳	瑜
地　　　址	台北市基隆路一段180號4樓	特約編輯	李	美	貞
編輯部地址	台北市基隆路一段180號4樓	攝　　影	王	弼	正
叢書主編電話	(0 2) 8 7 8 7 6 2 4 2 轉 2 2 1	封面設計	劉	亭	麟
台北聯經書房	台北市新生南路三段94號	內文排版	林	淑	慧
電　　　話	(0 2) 2 3 6 2 0 3 0 8				
台中分公司	台中市北區崇德路一段198號				
暨門市電話	(0 4) 2 2 3 1 2 0 2 3				
台中電子信箱	e - m a i l : linking2@ms42.hinet.net				
郵政劃撥帳戶	第 0 1 0 0 5 5 9 - 3 號				
郵撥電話	(0 2) 2 3 6 2 0 3 0 8				
印　刷　者	文聯彩色製版印刷有限公司				
總　經　銷	聯合發行股份有限公司				
發　行　所	台北縣新店市寶橋路235巷6弄6號2樓				
電　　　話	(0 2) 2 9 1 7 8 0 2 2				

行政院新聞局出版事業登記證局版臺業字第0130號

本書如有缺頁，破損，倒裝請寄回聯經忠孝門市更換。　　ISBN　978-957-08-4495-5 (平裝)
聯經網址：www.linkingbooks.com.tw
電子信箱：linking@udngroup.com

國家圖書館出版品預行編目資料

喝法國葡萄酒搭台灣美食/唐一安（Serge Dreyer）著 .
　王弼正攝影 . 初版 . 臺北市 . 聯經 . 2014年12月（民103年）.
　176面＋20面彩色 . 15.5×22公分（LOHAS・樂活）
　ISBN　978-957-08-4495-5（平裝）

　1.飲食　2.葡萄酒

427　　　　　　　　　　　　　　　　　　　103023576